译文科学

科学有温度

GINO SEGRÈ

A MATTER OF DEGREES: WHAT TEMPERATURE REVEALS
ABOUT THE PAST AND FUTURE OF
OUR SPECIES, PLANET, AND UNIVERSE

迷人的温度

温度计里的人类、地球和宇宙史

〔美〕吉诺·塞格雷 著

高天羽 译

上海译文出版社

谨以本书献给贝蒂娜

目 录

引言　尺子、钟表和温度计

大多数人每天醒来时都会考虑几个问题：今天要去哪里？现在是什么时候？外面有多冷？每天临睡，我们同样会预想这几个问题在明天的答案。有意无意之间，对长度、时间和温度的衡量确定了我们生活的节律。这三个度量中，我对最微妙的那个温度最着迷。虽然新的观念不断开拓我们的视野，但是过去几千年里，人类对长度和时间的日常理解并没有太大变化，尺子和钟表也很早就问世了。温度就不同了。虽然人人都知道就连一个婴儿都能分辨冷热，但是我们学会度量温度却只有几百年而已。对温度的研究更是如此，即使是一团气体的温度，我们对于它的科学理解（分子在热平衡下的平均动能）也比温度计的出现要晚得多。

一般来说，写给大众的科学书籍都会描述某个特定的领域或者专门的问题。在宇宙学、遗传学和神经科学领域，都不乏有用甚至精彩的好书。我的写法则有所不同：我将对温度的度量作为引子，用来牵出科学的诸多方面。如此宽泛的题材，剪裁在所难免。书中的内容体现的是我个人的经历与品味，也表明了我的所知与无知。在此我想先说两句，向各位介绍一下我的身份和本书的走向。

我是个物理学家。每当有人问靠什么谋生，我总会说自己在从事家族事业。我的兄弟是物理学家，我的外甥也是，我的许多堂表亲都是物理学家，我的叔叔还得过诺贝尔物理学奖。我的岳父是一位著名的德国物理学家，我的妻姐嫁给了一位更加著名的维也纳物理学家。物理学是我一生的事业，也是我家族的遗传。

然而两代之前，本家族的事业却是纸张。我的祖父朱塞佩年轻时从意大利北部的曼托瓦搬到蒂沃利居住，那是一座位于罗马西面约十五英里的城市。他在那里开办了一家小小的造纸厂。当时的意大利统一不久，首都罗马欣欣向荣，对纸张的需求也不断上升，我祖父的造纸厂因此生意兴隆。这个历史悠久的新国度对犹太人的产业历来是排斥的，现在却一下子支持了起来。朱塞佩的勤奋得到了赏识，新政府授予了他骑士长的荣誉头衔。

蒂沃利在古罗马时期就是一个发达城市，当时名叫提布尔，它倚在亚平宁山脉脚下，四面围绕着杨树森林，阿涅内河的众多瀑布为它送去了清凉。每到盛夏，提布尔就会成为宜人的避暑胜地。随着帝国的财富不断增长，别墅和神庙纷纷在这里拔地而起。公元 2 世纪，哈德良大帝在提布尔的群山与罗马市郊的接壤处兴建豪宅，据尤瑟纳尔[①]《哈德良回忆录》的描写，这座宅子规模之大，已经不能以别墅称之，那里面包罗了剧院、倒影池和其他外围建筑。这大概是古典时代最庞大的一座庄园，却处处流露出祥和与安静。尤瑟纳尔这样想象了这位皇帝的心思：

我又一次回到别墅，回到了花园里那一座座可独处、可休憩的亭子。这里残存着一丝丝往日余韵，弥漫着一股不事声张的奢华，皇家的气度减到了最低，仿佛它的营造者并非帝王，而是一位家境殷实的鉴赏家、正试着将艺术的享受与乡居的魅力合二为一。

[①] 玛格丽特·尤瑟纳尔，法国作家，《哈德良回忆录》是她根据史料创作的一部小说。——译者

哈德良之后，这颗明珠曾经荒废了许久，一直到意大利复兴并定都罗马，才在1870年将它重新发掘出来，并取名"哈德良别墅"。

文艺复兴时期，提布尔更名蒂沃利，和从前一样，它继续担当着附近那座都会的消暑胜地。1550年，红衣主教艾波尼多·德·伊斯特着手将一座古代修道院改建成了千泉宫，这座别墅奢侈华美，是文艺复兴喷泉的最佳示例。主教将别墅建在山腰，以增加泉水飞流直下的气势，这还使得一众红衣主教和贵族在凉爽的小径上散步之时，能瞥见远处圣彼得大教堂的圆顶。蒂沃利成为了优雅和魅力的代称，它的名声远播海外，以至于哥本哈根的一座游乐园至今仍以"蒂沃利"为名。

19世纪工业勃兴，造纸厂需要树木打磨纸浆，需要充足的水源和电力，最好附近还要有一个市场。这些条件蒂沃利统统具备，于是我祖父把纸厂建在了千泉宫脚下，厂址就设在古罗马海格力斯神庙的旧址，神庙的断垣残壁成为了工厂的骨架。这在今天是不可想象的亵渎行为，但在当时，新罗马的需求不断增长，古罗马的石块自然就成为了合适的地基。我的父亲晚年曾打趣说，塞格雷家族留在蒂沃利的唯一痕迹大概就是一块铭牌，上面写着"此系海格力斯神庙旧址，一度为塞格雷家族纸厂所据，后于某某年恢复原貌"。

我祖父生了三个孩子，都是男孩，他们成长于一个新旧激烈对峙的时代。我父亲安杰洛排行老大，幼年时常在哈德良别墅的废墟徘徊，一边收集古罗马硬币，一边审视历史。他后来成了一位古代史教授，但他的志愿不仅仅是记录过去。他还想知道古人怎么支付账单、交易什么物品、他们的经济如何运行、地中海的各种货币有着怎样的比值、古罗马人又是如何应对财务危机的。他最重要的著作是一部两卷本的《古代世界的计量学及货币流通》（*Metrology and Monetary Circulation in the Ancient World*），其中计量学就是对于度量的研究。他曾告诉我，当他听说在一间古代仓库里发现了大量陶罐碎片时，他立刻意识到自己能推算出这些碎片拼合之后每一只陶罐的容积，这个发现使他兴奋不已。他知道那间仓库里放了什么、那些罐子里装了什么、它们的卖家是谁、买家是谁、售价又是多少。每一个度量，他都一清二楚。

我这位父亲迷人可爱，性情乖张，虽然不通实务，知识却十分渊博。到后来，他渐渐认识到对古代世界的研究是一种奢侈。他对当时新兴的量子力学、相对论、遗传学和宇宙膨胀说相当着迷，也许是懊悔自己没能从事科学，他力主他的孩子都要修习理科。父亲的这种情感还可以作另一种解释：他自己的心灵已经被历史填满，所以急着要别人替他去探索那些陌生的领域。

祖父的次子马尔科走上传统老路，他继承了家族产业，继续经营纸厂。他所研究的度量是那些乏味但不可缺少的东西：资产负债表、现金流和增长曲线。

祖父的第三个儿子是埃米利奥。1920 年代中叶，还在罗马大学读本科的他开始随恩里科·费米①从事研究。费米当时刚到罗马，他只比埃米利奥年长四岁，却已经拿到了教授头衔，在学术界崭露头角。因为与费米等人的合作，埃米利奥的物理学生涯一路顺风，他先是在欧洲工作，后又去美国发展，在两地都很成功。

埃米利奥最有名的成就，一是和费米一起研究了中子，二是发现了反质子，后者使他在 1959 年和欧文·张伯伦（Owen Chamberlain）分享了诺贝尔物理学奖。然而，我更愿意纪念他的另一项少有人知的成就，那就是发现了锝元素，尤其是测出了锝的半衰期。故事是这样的：1937 年，埃米利奥到美国伯克利访问，其间结识了伟大的实验物理学家、回旋加速器的发明者欧内斯特·劳伦斯（Ernest Lawrence）。两人志趣相

---

① 恩里科·费米，美籍意大利物理学家，精通理论及实验，曾获诺贝尔物理学奖。——译者

投，分开后常常通信。有一次，劳伦斯从自己在加州的回旋加速器中取出一片钼箔，寄给了当时还在意大利的埃米利奥。埃米利奥疑心这部加速器可能已经轰出了元素周期表上的第四十三号、一种人类从未侦测到的新元素。他和同事卡洛·佩里埃经过一次次细致的化学分离，终于证实了这个设想，两人将这种新元素命名为"锝"。此前的化学分析之所以没有发现锝，是因为它有好几种化学性质相同的形态，但没有一种是稳定的。

我知道这项发现对于埃米利奥叔叔具有特殊的意义，因为当二战结束，他终于能回乡祭扫父亲的坟墓时，他带去的正是锝元素。他曾回忆道：

我来到罗马的维拉诺公墓，在父亲的坟头洒下了一小把锝，以此寄托我的爱戴与尊敬，身为儿子，也身为物理学家。这些锝的放射性微乎其微，但它们的半衰期长达数十万年，无论我献上怎样的丰碑，都无法与之相提并论。

埃米利奥晚年转向了历史研究。他的第一项科学之外的成就是为自己的导师费米作了一部传记。后来，为了总结一生所见，他又写了一部20世纪物理学史。他最终还将目光投向了量子力学诞生之前的岁月，写出了一部经典物理学史。照他自己的说法，这些著作的意图是讲解但丁的名句："Chi furono li maggiori tuoi?"（字面意思："比你大的是谁？"但更加知性的解释是："你的祖先是谁？"）

叔叔的参与加上父亲的指点，无疑都是促使我投身物理学这门家族新事业的原因。父亲甚至还宣布我应该成为一名理论物理学家。我追问他为什么做这样的决定，他回答说理论物理这一行有两个基本的好处，一是使人分辨对错，二是对于不想搭理的人可以不必搭理。虽然这两条理由都值得商榷，但我依然成为了一名理论物理学家，也证明了自己是个听话的儿子。从业三十年来，我一直将基本粒子作为主要的研究领域，偶尔也涉猎凝聚态物理和天体物理。

现在，回首自己的事业以及父亲和两位叔叔的一生，我发现有三种度量始终吸引着我们的目光、主宰着我们的生涯，它们就是长度、时间和温度。一只双耳瓶的容量、一块锗的半衰期、一颗中子星的温度，这些都可以用复杂的仪器加以度量。但这些度量用简单的器材也能估算，比如尺子、钟表和温度计。

在动笔之初，我就知道自己要在这本书里探讨一系列重大问题，过去一百年的科学家曾着力研究这些问题，但它们中的许多至今仍没有解答。在朝着这个目标努力时，我欣喜地发现温度是其中重要的部分，而不仅仅是一个次要的标记。试想下面三个例子：

我们的地球是在大约四十五亿年前从一个原行星盘演化而来的，那么地球上的生命又是在何时诞生的呢？三十七亿年前的地球上肯定已经有了生命，那么在那之前的八亿年，已经足够让地球上的原始有机分子组装成遗传物质了吗？当时的地球已经有了生命诞生所必需的水环境了吗？这两个问题的答案都取决于地球早期的温度——对生命有利的气候维持了多久？生物对于温度的剧烈变动又有多大的抵抗力？如果当时的温度条件还不可能在这么短的时间内孕育生命，那么我们就必须到太阳系的其他地方去寻找地球生命的源头。如果生命真的是在别处诞生的，那又是什么地方在四十亿年前正好具备了适宜生命的环境、那些生物又是如何从那个地方来到地球的呢？

再来想想宇宙诞生的那一场"大爆炸"吧。宇宙在形成之初无比炎热、超乎想象，接着又在三十万年的时间里冷却到了华氏 5 500 度（约摄氏 3 000 度，科学中一般表示为开氏 3 000 度）。有实验表明，当初那个 5 500 度的宇宙几乎是完全均匀的，无论哪里都是一样的温度。然而它又不可能是彻底均匀的，否则星系、恒星和行星就无法演化出来。当时的宇宙有着上下不足 1 度的温度波动，今天的科学家正在用现代天文工具研究这些波动产生的信号。

第三个例子，请思考一个相当奇怪的概念：最低的温度或者绝对零度。不到两百年前，科学家们有了使物质不断降温、逼近这个极限的想法，这个想法打开了一片新的天地，在其中量子力学主宰万物、导线没有了电阻、流体没有了摩擦。这个天地与我们的经验相去甚远，但是在恒星内部却存在着与它相似的世界。在理论之外，对它的研究还可能产生重大的新技术，服务我们的日常生活。

关于温度还有一些趣味十足的谜题，论影响之深远或许比不上前面三个，但重要程度却毫不逊色。比如人类的体温，无论我们生活在北极圈还是撒哈拉，为什么体温保持不变？为什么它始终是华氏 98.6 度？为什么大多数哺乳动物和鸟类都有着大致相同的体温？使大脑保持恒定的状态和反应显然是一个原因，但是只要看一看我们的动物兄弟所采取的各种适应机制，就会明白这里头另有玄机。又比如，我们感染时就会发烧，演化出这样的功能又有什么好处？这一点同样没有完整的答案。

本书中举出了许多谜题，其中的一些还显得违背常理，比如，我们已经知道了太阳的中心温度，对地球的中心温度却还不甚明了。不过仔细想想，许多问题的答案还是显而易见的。虽然我拿不出一个包罗万有的科学观点，但是我会着重指出各个研究方向以及各种答案之间的关联。而将它们串在一起的正是温度。

第一章　98.6度

98.6度（指华氏度，约合摄氏37.2度）——人类之间的相似真是一件非同寻常的事。放一支温度计到一个人的舌头下面，无论他是北极冰流上的一个因纽特人[①]、伊图里森林中的一个俾格米人，或是纽约证券交易所内的一个股票经纪人，得到的读数都是相同的。黄人、黑人、褐人、白人、高个子、矮个子、胖子、瘦子、老人、年轻人、男人、女人，体温都是98.6度。无论是一个月大的婴儿、二十岁的运动员，还是一位百岁老人，都有着相同的体温。无论你的肌肉膨胀还是萎缩、牙齿突出还是掉落、视力敏锐还是因患白内障而模糊，无论你的心律是不是在压力下倍增、呼吸有没有剧烈起伏，无论你是浑身战栗还是挥汗如雨，你的体温都始终不变。即使它只变动2%，你也会觉得痛苦；如果它的升降超过了5%，你就要考虑去急诊室了。人和人的相似，在这一点上真是惊人。当你呼吸、流汗和排泄，身体的其他机能都会大幅变动，这全都是为了维持一个恒定的体温。

严格来说，98.6度只是一个简单的缩写，因为我们身体的各处温度是不同的，虽然其中也不乏规律。我们的皮肤一般比内脏低6度，你只要把放在舌头下面的温度计捏在两根手指之间，就能证明这一点。口腔和肛门的温度也不相同，后者一般比前者高1度。不同的脏器之间，温度也有差异，高低取决于新陈代谢和血液的流动。早在人类开始测量温度之前，我们的祖先就已经对此有所察觉了，他们认为身体上最热的部位是心脏，尤其是那些"热血型"的人。但真实的情况比较乏味：我们发现，不那么热血的肝脏反倒是最热的。

在17世纪之前，"所有的人体温相同"的说法一定会使人觉得奇怪。当时还只有粗糙的温度计，也没有人用它们来仔细比对不同人的体温。人们只能粗略地测量体表的温度，他们想当然地认为，一个人的体温反映了当地的气候，因此热带居民的体温要比温带居民的高。1578年，约翰内斯·哈斯勒（Johannes Hasler）出版了影响深远的著作《医学的逻辑》（De logistica medica），书中提出的第一要务就是"确定每一个人的自然温度"，而决定体温的因素有"对象的年龄、测量的季节、杆子的高度（即海拔）和其他种种影响"。哈斯勒制作了一张详细的表格，指导医生如何参考病人的体温、需求和周围的环境来配制药品。他当然知道发烧和疾病有关。所以他才会提醒医生们留意病人体温的变化。

我们今天知道，体温并不会随着地点而不同。但是它的确会随着一天中的时间而略微变化：上午逐渐上升，下午三时许达到峰值，到了夜间又降到最低，最高和最低一般相差1.5度，98.6度只是一天中的均值。不过，即使这个说法也需要加以限定，比如《哈里森内科学》[2]（Harrison's Principles of Internal Medicine）一书告诉我们：

都说人类的"正常"体温是华氏98.6度，但是根据文德利希在一百二十多年前的最初观测，18至40岁之间的健康成人的平均口腔温度应该是华氏98.2度。[3]

---

① 因纽特人，即爱斯基摩人。——译者
② 《哈里森内科学》，美国经典医学教科书，1950年出版，至今已累积15版，译成多国文字。——译者
③ 即摄氏36.8度；卡尔·赖因霍尔德·奥古斯特·文德利希，19世纪德国医生，首次精确测量了人类的体温。——译者

人的体温超过正常值就叫"热病"（pyrexia），俗称"发烧"；低于正常值则称为"低体温症"（hypothermia）。人体内部自有一套调节机制，使我们的体温大致保持在正常范围之内，这套机制听命于一个深埋于大脑之中的最高控制中心，那就是下丘脑。这个渺小的器官不仅设置温度，也操纵着各种激素的分泌，由此掌控着大量关键的代谢功能。此外，它还调解着人体内的水、糖和脂肪水平，并且指导激素的释放，从而对我们的各种活动进行抑制或是加强。哈维·库欣（Harvey Cushing）是 20 世纪初美国的一代名医，他研究了下丘脑和脑垂体的行为，并对下丘脑作了如下描述：

这一小块组织隐藏得很好，几乎只有一个指甲盖那么大，但它的内部却坐落着原始生命的力量之源，负责生长、情绪和繁殖，人类在上面叠加了一个皮层作为抑制，但并不是总能抑制住它。

饮食中的能量维持着我们体内的各种代谢机制，并由此产生热量。人体会通过皮肤排出大约 85% 的热量，其余的则随着汗水和大小便排出。皮肤是热量出入人体的主要门户，所以我们应该找一找皮肤和下丘脑的关系。从下丘脑到皮肤，其实有着两条重要通路，一条是边缘神经系统，另一条是称为"毛细血管"的小型血管所组成的密集网络。

来自这两条通路的信息进入下丘脑，并在其中负责温度调节的部分汇总。如果信息显示身体太冷，毛细血管就会收缩，从而保存热量；如果身体太热，毛细血管就会扩张。不仅如此，下丘脑还会向汗腺发送激素信号，命令它们将汗液通过毛孔排到皮肤外面。它同时还向大脑皮层发送信号，敦促其改变身体的行为，比如穿衣或者脱衣。当然，库欣所谓的"抑制作用"，这时仍是存在的。在这个过程中，流向下丘脑的血液时刻汇报着身体的调节状况；必要时，血液还会告诉下丘脑应该分泌何种激素以重置体温。看着这个在数百万年中演化而成的系统，我们只能又一次赞叹它的行动是多么高效。

不变的体温

除人类以外，其他哺乳动物和鸟类也能维持恒定的体温，我们和它们统称为"温血动物"。当然，温血动物的体内不是只有血是暖的，温血和冷血的区分也并不总是泾渭分明。生物学家用"恒温动物"（homeotherms）与"变温动物"（poikilotherms）来作区分；其中homo是希腊语的"相同"，poikilos是希腊语的"变化"。鸟类和哺乳类属于恒温动物，它们代谢率高、从体内产生热量、并且具备精密的冷却机制来维持恒定的体温。而除此之外的变温动物就不具备这些机制了。这个区分也有例外，比如有些常温动物也会使体温大幅下降，大家都熟知的冬眠就是一个例子。尽管如此，恒温与变温的区分已经相当精确了。我们由此还会想到：恒温性是如何演化出来的？恒温性的前提是复杂的脑和精密的控制，在已知的动物物种当中，只有很小一部分采用了这套机能。至于原因是什么，至今没有一个公认的答案，有的只是一系列猜想而已。

恒定体温的出现，似乎正好与一些动物从水中走向陆地的时间重合。在水下生活能够隔绝许多天气的变化。尤其是深水，那里的环境温度是相当稳定的。相比之下，在陆地上栖息的动物在二十四小时之内就能感受到温度的变化。日夜更替、晴雨交加、暴风骤雨，都是它们必须经受的。除此之外，陆地生活还使得许多动物演化出了快速决定复杂事宜的本领。

试想远古的一位人类祖先在非洲大草原上被一头狮子追逐的情景。逃跑时，他的四肢必须协调运动，大脑也必须估算出最佳生存策略：是继续跑，还是转过身来用原始的木棍战斗？那棵树离我有多远？在被狮子赶上之前爬上去的把握有多大？我的家人又有多大的生存几率？部落的同胞会来帮我吗？我是不是该跳进河里？那样会被鳄鱼抓住吗？脑袋里做着种种盘算的同时，手脚也没有停下，身上不住地流汗，肺部也在用力呼吸。无论人或狮子，脑中的念头和身体的行动都必须同时进行，各种决策汇总起来，从而制定出一条求生的路线。

指导人类思想和行动的中枢是脑，它是由一千亿个彼此连接的神经细胞组成的回路，结构精巧到了极点。和人类一样，狮子的头颅里也有着数量相当的神经细胞。在那里，复杂的化学反应激发着信号的传送与接收，而这些化学反应和各种到达特定器官的激素信号一样，都取决于身体的温度。对于我们这样复杂的动物来说，由于所有的回路都依赖温度，保持恒定的体温（只在特殊情况下略有偏差）就成为了演化上的首选。脑的温度如果发生波动，就会将反应打乱，使之无法按照已经学会的顺序进行。人类、其他哺乳类和鸟类的脑都是演化形成的卓越工具，它们之所以能有这样高超的性能，就是因为它们都处在一个受到保护和控制的环境之中。也有一些较为简单的动物，脑部的结构比我们原始得多，它们利用其他方法获得了最大的生存几率；但是对于我们来说，恒定的体温才是最好的选择。

再看看刚才的例子：那位一边被狮子追逐一边思考对策的人类祖先，他处在一个关键时刻，他的双腿在努力奔跑，他的双手不能在这时做出爬树的动作；他的鼻子闻到了一头狮子的气味，他的眼睛不能认为那是一块石头；他的头脑也不能在这个当口决定停下来吃点零食——狮子恰恰在动这个脑筋，但是它也要确定自己追逐的是一个人类而不是什么无法消化的东西。人和狮子都想存活并将自己的基因流传下去，想要增加这个几率，就必须在同一时间决定几个事项、完成几种行为，无论决策或动作，都必须灵活、迅速而可靠。一个温度恒定的脑似乎有助于这种机能。

我不是要用这个例子来说明猎食者和猎物之间最基本的相互作用需要一个结构精巧、温度恒定的脑。这显然不是事实。对于人和狮子这样的动物，脑的确能在恒定的温度下发挥最大的效用。但是之所以演化出了这么复杂的脑，原因还在于各种复杂行为，这些行为中的许多都是为了在社会和组织中生存，一旦学会就沿用终身。

人脑之所以保持恒温，也不是人体保持恒温的唯一原因。一般的化学反应总是在温度升高时加快，所以体温设定得越高，体内的反应就越活跃——不过这也有限度。如果多余的热量无法排出，接收的信息又来得太快，系统就会崩溃。在过去几百万年中，人类、其他哺乳动物，当然还有鸟类，都发现了一个共同的规律：在华氏 100 度（约摄氏 37.8度）左右，我们的思想和行动是最有效的。

我的一个心理学家朋友告诉我，在遇到动物行为方面的难题时，就想一想动物的性行为。温血动物的体内有着主宰交配、生殖和无数其他行为的激素反应，而它们在温度恒定且较高的时候是最有效的。还有一些巧妙的问题也能从温度的角度予以解答，比如男性的睾丸为什么要放在体外的阴囊中，而不是更加安全的腹腔内？大概是因为略低于 98.6度的环境比较适合精子的产生吧。

就算人体真的在温度恒定的时候最为可靠，为什么就偏偏要是98.6 度呢？这个问题有一个大概的答案，其中既有演化的原因，也涉及新陈代谢的简单原理。大多数机器的能效都很低下，人体也是如此。一般来说，人体吸收的能量中有超过 70% 转化成了热量。这些热量需要向周围散发，不然身体就会像超负荷的引擎那样过热、无法正常运行。我们在外界温度比皮肤温度低 20 至 30 度时最为舒适，因为这个温差下的热损失率恰到好处，再冷一点，热量就会散发过快，再热一点，就会有太多热量淤积。当天气偏冷，我们就加衣服、盖毯子、肌肉也会做出颤抖的动作；当天气偏热，我们就出汗、摇扇子，只要条件允许就一直待着不动。

人体产生热量的过程精微复杂，它是又一项需要脑部调节的机制。在休息状态下，脑和心、肺、肾等内脏器官产生的热量超过人体总热量的三分之二，虽然它们在体重中所占的比例连十分之一都不到。在运动时，肌肉产生的热量可以增加十倍并占据所有资源。但即使在这样的剧变之下，身体的温度依然是相当稳定的，那些基础的本能反应也依然不会出错。能够做到这点，是因为人体内部在制造更多热量的同时，也在以更快的速度将热量散发到环境中去。

热传递的机制有着复杂的细节，但基本的物理学原理却十分简单：热量总是从高温物体向低温物体流动。所有物体都会辐射和吸收热量，其中暗色物体的辐射效率较高，亮色物体的辐射效率较低。设想你待在一间砌着石墙的宽敞房间里，如果墙壁的温度低于你的体温，你就觉得凉爽；高于你的体温，你就觉得暖和。

热传导也是同样的道理：当两个物体互相接触，热量总是从较热的那个向较冷的那个流动。在热辐射和热传导中，热量流动的速度都和两个物体的温差大致成正比——至少在温差不太大的情况下是如此。这个规律在一些旧书中就有提及，比如牛顿的《热量流动的定律》（*Law of Heat Flow*）。举例来说，你手握一根金属棒，当棒子的温度是华氏 78 度（约摄氏 26 度），你流失热量的速度就是棒子在华氏 88 度（约摄氏 31 度）时的两倍，这是因为其中的一根棒子和你 98.6 度的体温相差 20 度，而另一根仅相差 10 度。同一个砌着石墙的房间，在华氏 58 度（约摄氏 14 度）时感觉要比华氏 78 度时更冷，也是这个道理。

有人认为，我们的体温之所以定在 98.6 度，和我们在 70 度（约摄氏 21 度）的房间里感到舒适是出于同一个原因。人类出现在略早于两百万年前的非洲局部地区，那几个地区的日平均气温刚好是 70 度出头。

先民们在这样的气温中狩猎采集，他们的代谢过程产生的热量，在体温接近100度时是最容易散发的。你可以算出身体在日常活动中产生热量的速度，也可以算出身体的热量向70多度的环境中散发的速度。这两个速度都取决于体温：只要简单估算，就会发现这两个速度在98.6度处大致吻合，在这个体温上，身体产生的热量等于发散的热量。后来的人类又扩展了自己对于寒冷天气的耐受能力，一是靠穿戴裘皮，二是靠一门独特的技术——生火。

不过，人的体温之所以维持在98.6度，对气候的适应最多只是一个很小的原因。鸟类和哺乳动物有着各自不同的演化历史，但它们的体温几乎都固定在了这个数值附近。在恒温性的种种理由当中，最主要的是使动物体内一套复杂的化学反应达到最优，好让它们完成生活中的各项复杂活动。

深入撒哈拉

要保持恒定体温，高效的冷却机制和保暖一样重要。既然热量总是从较热的物体向较冷的物体流动，那么我们如果置身于华氏106度（约摄氏41度）的环境之中而缺乏某些调节机制，我们的体温就会不断升高，直至死亡。但实际上，我们却活了下来。我们下面还会说道，甚至在温度更高的撒哈拉沙漠地区，人类依然活得有声有色。

蒸发是其中的关键。即使在寒冷的环境中，蒸发也会将我们在代谢中产生的热量带走约四分之一；如果气温上升，这个比重还会更大。要理解蒸发的散热原理，不妨将我们的体液设想成一个个水池，其中的水分子移动着、撞击着。我们现在知道，水的温度是水分子平均动能的体现。如果有运动较快的水分子从池中逃逸，剩余液体的平均动能就会变低，整个池子的温度也会下降。这就是蒸发能够降温的原理。不过，这个原理只有在液体上方的空气足够干燥时才起作用。如果快速运动的分子由水蒸气重新进入了水池，速度和它们离开时一样快，那么蒸发的降温效应就会消失。

蒸发是一个十分重要的过程，因为水在变为蒸汽时会吸收大量的热。卡路里是热量的单位。将 1 克水加热 1 摄氏度，需要的热量正好是 1 卡；将 1 克水从摄氏 0 度加热到摄氏 100 度，需要的热量正好是 100 卡。然而，要将摄氏 100 度的 1 克水变成相同温度的 1 克水蒸气，需要的热量却超过 500 卡。也就是说，将水转化成水蒸气所需的热量，是将水从冰点加热到沸点所需的热量的五倍还多。因此，将身体里的水转化成水蒸气是一种十分有效的降温方法。

那些需要降低体温的动物，自然也运用了这条基本原理，它们从各自的需要出发，发明出了层出不穷的巧妙方法。用蒸发促进冷却的一个法子是扇风，也就是趁运动较快的水分子甫离水面之际就将其吹走，使它们无法重新回到水里。我们在一杯咖啡或者一碗热汤表面吹气，使用的就是这个方法。

当然了，无论什么必需品，人类都会给它加上修饰：有了功能就要有外观，有了外观又要有装饰。英文的"扇子"（fan）来自拉丁文的 *vannus*，它是已知最早的冷却工具，大英博物馆的一幅浅浮雕上就展示了辛那赫瑞布①的仆人用巨大的羽毛扇为他扇风的场面。到今天，那些羽毛早已化为尘土，几根扇柄却保存了下来，那差不多是公元前 2000 年的文物了。折扇造型优雅，手腕一抖就能开合，它似乎最早出现于日本，后又传入中国。中国人喜欢在特别场合请贵客在折扇上题字、留作纪念。英国女王伊丽莎白一世也在肖像中手执一把硕大的羽扇。到了 18 世纪，扇子已经成为了风靡欧洲的商品，各大城市都出现了只在扇

---

① 辛那赫瑞布，古代亚述王国的国王。——译者

面上作画的专职画家。当时的扇柄用象牙和珍珠母雕成，上面镶嵌宝石，末端还装有玻璃透镜。正式的舞会上也衍生出了一套用扇子的位置表示不同含义的精致礼节，仿佛铁道上的壁板信号系统。但是无论装饰得多么精巧，扇子依然是最简单的冷却工具，到今天都是如此。

　　蜜蜂同样采取了这个风扇策略，并以此对蜂巢的温度做精心调节。每到夏天，它们就扇动翅膀引起对流、给蜂巢降温。但是当气温升到华氏 80 多度（约摄氏 27 度以上）时，扇风已经不够了。于是它们纷纷飞出蜂巢喝水，返回时再将水吐出，在蜂巢中形成一道道液滴组成的薄幕。这时它们再扇动翅膀，将湿润的空气驱离蜂巢。E·O·威尔逊①说起过一个实验：给蜜蜂无限的水源，它们就能将蜂巢的温度维持在华氏 85 度（约摄氏 29 度），虽然外面的气温已经升到了 160 度（约摄氏 71 度）。蜜蜂从不进入沙漠，但原因不是高温、而是缺水。

　　扇风能加速冷却，但冷却的第一步还是要在某个表面上制造液体，好让它蒸发到空气中去。少数袋鼠和一些大鼠能够靠舔舐毛发使自己冷却，因为唾液的蒸发会带走热量，但是应用最广的蒸发技术还是喘气和流汗。

　　鸟类没有汗腺，还有一些哺乳动物只有少量汗腺，比如狗。它们依靠短促的浅呼吸来使得喉咙的液体蒸发。这种方法颇有一些好处，其中一个是我们不太容易想到的：它能帮助动物保持头脑冷静。小个子的东非瞪羚在草原上全速奔驰五分钟，产生的热量就会使它们的核心体温从华氏 102 度（约摄氏 39 度）上升到略高于 110 度（约摄氏 43 度）。血液从 110 度的身体沿着动脉流向头部，它们脑部的温度却始终比身体低 5 度以上。它们的脑部之所以能保持冷却，完全是奔跑时的快速呼吸制

---

① E·O·威尔逊，美国生物学家，以研究社会性昆虫闻名，著有《社会生物学》等。——译者

造的一个附带的好处。从身体向脑部供血的主要血管是颈动脉，它在颅底分成几百支小动脉，在进入脑部之后重新汇合。就在分岔的途中，动脉中的热血被附近喉咙里快速流动的空气所冷却。这个有趣的冷却机制能使逃亡中的瞪羚保持最佳的决策能力。即使身体的其他部位不断加热，它的脑部温度却能大致恒定。可见这种动物的第一要务是维持控制中枢的恒温，而身体的其他部位就有一点变温的自由了。

和出汗相比，喘息还有一个优势：出汗时，汗水会带走珍贵的盐分，所以才常有人告诫我们大量流汗时要喝下富含矿物质的饮料。而喘息时，唾液中的矿物质是留在体内的。不过，喘息也自有它的缺点，其中之一是需要肌肉的活动，而肌肉的活动本身又会制造热量（快速的浅呼吸对这个问题有所缓解）。没有一个办法是万全的。一切都是动物在漫长的历史中演化出来的适应性行为，目的是使生存的几率达到最大。

多数大型哺乳动物都会出汗，其中的一些尤其明显。就连骆驼也会出汗，只是它们的汗水不容易发觉，因为在沙漠的干燥空气里，水蒸气几乎会立刻蒸发。人类的毛发已经差不多完全丧失，只留下一身裸露的皮肤。这层覆在体表的器官有大约200万个汗腺，分布在全身上下，手掌上最为密集，其他部位则稀疏一些。在下丘脑的调控之下，汗腺分泌出一种略带咸味的液体。这种分泌活动不受意识调控，也不完全由环境激发，压力或紧张也会使人流汗。这是一种效率极高的冷却手段，当人体的代谢增加，产生大量体热时，汗水能够迅速将热量排解出去。当你身着衬衣和长裤前往办公室，出太多汗或许不是什么好事，但是对我们的祖先来说，快速冷却有助于逃生，是有利野外生存的手段。

关于出汗降温的效果还要多说一句，我们在前面也略微提到了：那些快速运动的水分子，离开体表的必须多于到达体表的。如果外间的空气太潮，那么即使大汗淋漓也起不到蒸发降温的效果。

脱水是另一个问题。虽然自己并不知觉，但我们一天平均要产生1

夸脱（约 0.9 升）左右的汗水；根据天气和运动量的变化，这个数字可能下跌到接近于零，也可以上升到 4 加仑（约 15 升）之多。当流失的汗液接近这个上限时，我们就会陷入严重脱水的险境，可能需要静脉补液才能转危为安。

菲利普·莫里森（Philip Morrison）[①] 曾经为《科学美国人》杂志写过一系列评论文章，其中的一篇介绍了流汗与扇风的功效，他举的例子是那些体力最强的运动员——环法自行车赛的选手。莫里森讲述了五次夺得这项赛事冠军的艾迪·莫克斯在实验中骑健身脚踏车的表现：这位日复一日在山丘上攀爬、一次能骑行六小时的铁人，只在无风的健身房内骑了一小时，就瘫倒在了一汪汗水之中。这是怎么回事？莫里森做了一番计算。

为了获得必需的能量，自行车手一天的饮食相当于普通人的八餐，因为在赛车时一小时就要烧掉约 1 000 千卡热量，是坐在办公桌前的十倍之多。（注：1 千卡等于 1 000 卡路里，相当于将 1 千克水升高 1 摄氏度的热量。严格来说，这 1 千克水应该在摄氏 15 度。近来有人用相应的机械功对 1 千卡作了更加严格的定义。）

在为时二十二天的环法赛事中，车手的体重不增不减，那么摄入的能量到哪里去了呢？其中只有约 25% 转化成了机械功，用来克服空气阻力、推进赛车和车手，另外 75% 都转化成身体的热量散发掉了。由于热量实在太多，车手每天要通过皮肤蒸发 10 夸脱水分（约 9 升），才能保持恒定的体温。这不仅需要车手不断饮水，还需要有持续的劲风帮助蒸发，而每小时 25 英里（约 40 公里）的车速正好创造了这股劲风。如果没有风，蒸汽压就会饱和，使得水分无从蒸发，热量堆积起来。于是，能够全速骑行八小时的艾迪·莫克斯，只在健身脚踏车上坚持了六

---

① 菲利普·莫里森，美国物理学家，曾参加曼哈顿计划。——译者

十分钟就筋疲力尽了。这一点，凡是在健身房里练过动感单车的人想必都能体会。

在气温超过华氏 130 度（约摄氏 54 度）的撒哈拉沙漠，蒸发降温同样是生存的关键。沙漠的空气十分干燥，因此无需担心蒸汽压饱和的问题。一个人即使坐在枣树的阴影下给自己轻轻扇风，一天也会流失 2 加仑（约 7.6 升）体液；只要稍事运动，一天就会流失 4 加仑（约 15 升）水分；剧烈运动是绝对不行的。而且，流失的水分必须不断补充，否则就会脱水。在流失的水分达到 1 品脱（约 0.47 升）时，脱水的症状开始出现；达到 1 加仑（约 3.8 升）时，人会开始疲惫发烧。流失 2 加仑（约 7.6 升）水，人开始头晕目眩、呼吸困难。到 3 加仑（约 11.4 升）时已经无法挽救，除非立刻就医、静脉滴注。如果水分没有得到补充，在撒哈拉的夏日行走一天就能致人死亡。

尽管如此，人类却仍然在沙漠中成功地生活着。几乎每一个人都能对这种炎热干燥的气候产生适应，只要在五到十天的时间里逐渐接触高温，每天体验一两个小时就行了。这实际上是在训练身体出更多汗。正如生理学家兼动物体温专家卡尔·吉索尔菲（Carl Gisolfi）和弗朗西斯科·莫拉（Francisco Mora）所说："这或许是人类能够做到的最惊人的生理适应，而它的一个重要原因就是人类汗腺的演化。"

在沙漠中，不仅汗液的总量有所增加，汗水本身的盐度也降低了。这个变化有两个好处，一是减少钠、钾和其他矿物质的流失，以保证身体的正常运作；二是加强口渴的感觉，使人大量饮水。而饮水越多，蒸发就越多，身体也随之愈加凉爽。

在沙漠中奋力求生的人还有一位帮手，那是一种独特的动物，它能在十分钟内饮下近 30 加仑（约 114 升）水，并将水分储藏到身体各处。这种动物当然就是适应沙漠生活的杰出典范——骆驼。骆驼用身体储藏水分，它可以两个礼拜不饮水，只靠体内的水源就能存活。它还掌握了一系列节水措施，比如它的尿液和粪便中都绝少水分，它平常会紧闭嘴唇，并将鼻孔缩成两条狭线。不过，这种神奇的动物最出众的本领，还是根据体内水分的多少来调节体温。一头喝饱水的骆驼会将体温维持在华氏 97 度至 100 度之间（约摄氏 36 度至 38 度），并靠蒸发来冷却身体。但是如果体内水分较少，它又会将体温移动到另一个范围，在夜间直降到 93 度（约摄氏 31 度），到了白天最热的时候再上升为 106 度（约摄氏 41 度）。在日光下升高体温能减少冷却身体需要蒸发的水分，到了夜里，再靠较低的气温将白天积累的热量尽量散去。骆驼本来是一种喜欢体温保持恒定的动物，但是在压力之下，它也适应了新的环境。

聪明的沙漠旅行者发现，蒸发还能使他们携带的用水保持凉爽。蒸发在沙漠气候中创造的奇迹没有逃过本杰明·富兰克林的眼睛，这个人似乎对世间万物的原理都怀有兴趣，无论是政府还是避雷针，蒸发的奥秘当然也在他的研究范围之内。当年在英格兰维护北美殖民者的利益时，富兰克林（我执教的大学恰好也是他创立的）[1] 开展了一项实验：他将一支温度计用乙醚蘸湿，然后用风箱对它吹气，直到温度计的末端结起了一层薄薄的冰。1758 年 6 月 17 日，他在给友人约翰·利宁（John Lining）的信中描述了自己的几个实验，顺便对沙漠旅行者已经掌握的知识思索了一番：

从这个实验中，我们可以看到一个人在温暖的夏日冰冻而死的可能：只要他站在一条疾风吹拂的道路上、并且频频往身上涂抹乙醚就行了。乙醚是一种比白兰地或其他常见的酒类都更容易燃烧的液体。一直到过去这几年里，欧洲的哲学家才似乎了解了它所蕴含的自然之力，并知道了蒸发可以用来冷却身体。而东方人早就明白了这个原理。一位朋

---

[1] 富兰克林创立了宾夕法尼亚大学的前身。——译者

友告诉我说，伯尼尔在近一百年前写出的《印度斯坦游记》里，有一段提到了旅人在酷热的天气穿越干旱沙漠的一个窍门：他们用长颈瓶装水，并在瓶身周围裹上蘸水的羊毛，挂在骆驼的背阴面。

富兰克林接着又想到了自己在费城夏日 100 多度（约摄氏 38 度以上）的天气里耐受高温的能力（那样的日子我在费城也领教过不少，所以我对他的看法格外有兴趣）。他总结道，蒸发造成的冷却一定产生了作用，用他自己的话来说：

我认为一具死尸的温度会渐渐和空气相同，而活人因为不断出汗、汗水不断蒸发，反而能保持凉爽。

同样的道理，每到收获季节，宾夕法尼亚的农民都会冒着晴朗炎热的阳光，在开阔的田野里收割庄稼。他们的工作得心应手，只要不断出汗，炎热就不会有多少妨害，而他们也确实有法子使自己不断出汗。他们不时喝下一种淡淡的酒，那是混合了朗姆酒的水，很容易蒸发。然而汗水一旦停止，他们就会倒下，如果不能继续流汗，有的人还会当场死亡。

我还要补充一句：富兰克林是个讲求实际的人，自然也对冷天里怎么保暖很感兴趣。富兰克林火炉就证明了这一点。

挺进南极洲

和降温一样，人类也演化出了好几种适应机制来创造并保持温暖。发抖能在身体内部产生额外的热量，身体表层的器官也能阻止热量向外界流失。在身处寒冷的环境时，流向体表的血液会迅速减少，皮肤的温度也随之降低。随着皮肤和空气之间温差的减小，体内向体外的热传递也减少了。可以说，这是我们身体的表层在努力制造一个绝缘罩，以保护重要的内脏器官。这都是短期的御寒手段。

人类也不乏对抗寒冷天气的长期手段，比如在冬天多长一些脂肪。和人类相比，一些哺乳动物和鸟类的越冬本领就要惊人多了：它们会冬眠。冬眠时，它们的体温至少能下降 20 度（约摄氏 11 度），而且一连几月不吃不喝。熊能一连冬眠六个月，在没有外部热源的情况下，它们也能随意恢复正常体温，并延续正常的新陈代谢。

许多研究都表明人类的新陈代谢会适应炎热天气，但是对于人体如何适应苦寒的环境，研究就比较少了。据我所知，这个领域最著名的研究对象是一群日本和韩国的妇女，她们为了生计要长年潜入深海捕捉动植物。这些妇女称为"海女"，她们在十岁出头就开始工作，并且要一直潜水到六十多岁。虽然现在已经穿上潜水服，但是在 1960 年代晚期之前，她们却一向是穿着简单的棉衣潜进华氏 50 度（摄氏 10 度）的海水中的。洪淑熙[1]在 60 年代对海女开展了研究，结果发现在冬天的几个月里，这些妇女的新陈代谢率会提高 30%，这个变化的目的或许是产生额外的热量，从而补充潜水时的热量损失。有人认为这是一种冷适应，事实也支持这个观点：当海女穿上潜水服后，她们的新陈代谢率就不再提高了。

对研究者来说，游泳或潜水都是特别有趣的活动，因为在计算升温和降温的时候，蒸发的因素可以忽略不计。1987 年，长距离游泳健将琳恩·考克斯（Lynne Cox）决定到阿拉斯加与西伯利亚之间的白令海峡试试身手，她选中了海峡中的两座岛屿，准备游过其间 2.4 英里（约3.86 公里）的大洋。她会在途中穿越国际日期变更线，并象征性地将

---

[1] 研究海女的科学家原名 Suki Hong，汉字不详，此处按读音翻译。——译者

美国和苏联连接在一起。由于海峡中水流湍急，实际要游的距离或许更接近 5 英里（约 8 公里），这个距离对于考克斯这样的游泳好手来说不算什么，但水的温度就是一个实实在在的难题了。白令海峡的水面温度是华氏 44 度（约摄氏 6.7 度），但水面下有海流涌动，在有的水域，温度可能低到华氏 34 度（约摄氏 1 度）。这相当于在冰水中游个长途。

下水前，考克斯预先吞服了一枚热感应胶囊，胶囊里有一部发报机，它向随行的船只发送数据，供船上的一名医生随时监测，以免考克斯得低体温症——这是一种致命的疾病，在体温降到华氏 93 度（约摄氏 34 度）以下时便会出现。考克斯用两小时出头游完了全程，而且自始至终保持了正常体温。那一年，戈尔巴乔夫在白宫欢迎宴的一场演说中赞扬了考克斯的气魄，说她"以勇气证明了我们两国人民的生活是多么接近"。

考克斯是怎么做到的？部分原因在于她的体格理想，正适合在冷水中畅游。她身高 5 英尺 6 英寸，重 180 磅（约 168 厘米、82 公斤），体脂比几乎是妇女平均值的两倍。不仅如此，她的脂肪在全身均等分布，在外界的寒冷与内脏器官间形成了一道天然的隔热层。正因为如此，她才能活着游完全程，虽然坚强的意志也肯定是一大原因。

考克斯的隔热层虽然了得，但是和竖琴海豹相比便黯然失色了。这种海豹是伟大的水下健将，即使在奇寒彻骨的北冰洋里，它们也始终能保持 98 度（约摄氏 36.7 度）的体温和不变的新陈代谢率。保护它们的是皮肤下方一层四分之一英寸（约 0.6 厘米）厚的鲸脂。虽然表皮冰冷，但这层鲸脂下方的温度却和竖琴海豹的核心体温几乎等同。也就是说，竖琴海豹的皮肤温度与周围的海水别无二致，但是这四分之一英寸的隔热层却使它们的身体内部比表皮热了 70 度（约摄氏 21 度）。

你如果觉得竖琴海豹的那层鲸脂不过相当于一件潜水服、没有什么了不起，那就再想想它们是如何在温水中生存而不改变新陈代谢率的。它们的秘诀是什么？秘诀就是那层鲸脂内部贯穿着一整套毛细血管，当它们游进冷水，这些血管自动关闭，而当它们游进温水、激烈运动或是在岩石上暴晒时，这些血管又重新张开。竖琴海豹的鲸脂绝不是一件密闭的潜水服，而是一台灵活高效的温度调节器。就人类而言，对寒冷的适应大多来自体内代谢活动的增加，就像洪淑熙的海女研究所揭示的那样。但是，那些为了横渡英吉利海峡而在冷水中训练的游泳者，他们有可能也学会了一些收缩皮肤上毛细血管的本领。但即使如此，我们和海豹还是截然不同的。

在生理学家克努特·施密特-尼尔森（Knut Schmidt-Nielsen）看来，陆地动物和水生动物降温机制的差别，主要取决于隔热层与皮肤的相对位置。皮肤是将热量散发到体外的器官，这一点两者是相同的。海豹的隔热层是鲸脂，位于皮肤之内；陆地动物的隔热层是毛发，位于皮肤之外。我们人类走的是一条灵活的折中路线，但是显然离陆地动物更近。

通过琳恩·考克斯这样在酷热或严寒中探险的事例，可以看出人类用来保暖和降温的措施。人人都有最喜欢的绝境求生故事，就我而言，那些在冰雪中幸存的传奇——比如深入南极的探险者和攀援世界屋脊的登山者——是最令人感动的。要在极地的气候中保持温暖，首先就要穿上合适的衣服。穿衣这件事当然绝不简单。随着轻质合成纤维的问世，人类已经在着装和防护上取得了巨大的进步。我的岳父是位登山者，曾在1930年出征喜马拉雅山，每当看到他的木制冰斧、帆布帐篷和羊毛服装，我都会深深意识到进步之大。在酷寒的气候中穿衣，关键是要记得空气是热的不良导体，这一点看看双层玻璃的隔热效果就明白了。但如果空气流动，形成了风，情况就又不同了。要是没有抵御的方法，风就会不断带走你身体周围的温暖气层。多穿几件衣服，或者穿上一件带绒毛的干燥外衣，就能形成不受干扰的保温层。

说到坚韧，阿普斯利·切里-加勒德（Apsley Cherry-Garrard）的故事少有匹敌。他在 1910 年随罗伯特·斯科特（Robert Scott）① 踏上那场悲惨的南极之旅，并将自己的见闻写成了书。书中有一章名为《冬天的旅行》，描写了他和两名同伴在冬天的南极冰原上行走六个礼拜，寻找帝企鹅聚居地的故事。他们认为帝企鹅是爬行类到鸟类演化之中的关键一环。他们还打算检查企鹅蛋并确认它的胚胎发育过程，因为这特别重要。这趟寻访尤其困难，因为企鹅的巢穴就是它们自身。这些罕见的鸟类产下卵后就放在脚下保护其安全，它们还将胸部压在卵上，以遮挡寒风并提供暖气——这一切都发生在南极洲的隆冬。

三人从探险队的越冬营地出发去寻找帝企鹅，他们拖着两把雪橇，载着 750 磅（约 340 公斤）的物资（天气太差，无法带狗）。切里-加勒德是深度近视，脱下眼镜就如同盲人，但是他无法戴上眼镜，因为它们很快就会结霜。不过戴不戴眼镜并没有什么两样，因为南极的 7 月本来就没有阳光。

气温时常降到华氏零下 70 度（约摄氏零下 57 度），有一次甚至降到了华氏零下 77 度（约摄氏零下 61 度）。三个人都生了大大的冻疮，连其中的脓血都结了冰。但他们依然前行。切里-加勒德写道：

最大的麻烦是汗水和呼吸。我从来不知道有这么多废物是经过毛孔排出身体的。在最寒冷的那几天里，我们行走了四个小时就必须扎营，好让我们冻僵的足部恢复过来。一进帐篷，我们就意识到自己一定出了汗。那些汗水没有从羊毛衣服的孔洞里排出、使我们渐渐干爽，而是淤积在了衣服内部。它们刚刚离开皮肉就冻成了冰。

---

① 罗伯特·斯科特，英国海军军官、探险家，在带队深入南极时丧生。——译者

切里-加勒德在旅程一开始就意识到了这个问题。他后来又描写了自己从帐篷里出来拖动雪橇的情景：

到了帐外，我抬起头环顾周围，接着就发现自己的脑袋转不回来了。就在我站立观望的这段时间里——大约只有十五秒钟——我的衣服已经牢牢冻住了。接下来的四个小时，我只能昂首拖动雪橇。从那以后，我们每次出门都要先摆好拖拉的姿势，以免冻在衣服里动弹不得。

睡袋冻僵了，再也没有软化，它们变成了几具冰棺，使人难以睡眠。但三人终究克服了重重困难到达了目的地，甚至还带回了三枚帝企鹅的蛋。斯科特远征的幸存者后来返回英国，不料正赶上第一次世界大战，但是其中的一名团员说得好："比起南极，在伊珀尔①蹲战壕简直像在野餐。"这个故事在无意中透露了一个消息：人在任何温度都会出汗。

读着这个故事，我不由想了想帝企鹅：它们是怎么生存下来的呢？又是怎么坐在冰雪上孵化幼鸟的呢？说来有趣，这个问题的答案也有一些曲折。这些体重80磅（约36公斤）的大鸟是已知的鸟类中最能御寒的。虽然只在海里捕食，但是它们聚居产卵的地方却距离海洋至少50英里（约80公里），需要迈着不甚优雅的步子走很远才能到达。产卵的自然是雌鸟，但是它产下卵后就立即返回海里补充营养，一直到小鸟出壳才会回来。离开前，雌鸟会将鸟蛋放在雄鸟的足背上，在接下去的两个月里，雄鸟会匍匐在蛋上，以此保护并温暖下一代。这段时间里它不能移动，无法进食，而且完全暴露在南极洲冬天的恶劣气候之中。

雄鸟是如何熬过这段禁食期的？出壳的幼鸟又是如何在苦寒中存活

① 伊珀尔，位于比利时西部，一战时成为战场，战斗激烈，伤亡惨重。——译者

的？雄鸟的新陈代谢并没有显著变化，禁食期间，它会消耗体重的三分之一还多。但是匆匆一算就会知道，要在聚居地一动不动地活两个月，它需要消耗的脂肪几乎是这个数字的两倍，所以这肯定不是它生存下来的唯一原因。另一个原因其实相当简单：雄企鹅会依偎在一起，为彼此遮挡劲风和寒气。幼鸟一旦出壳，也会相互依偎，等长大了再朝大海进发。就这样，企鹅找到了一个简单而优雅的御寒方法，这也是无数体型和体态各异的动物所找到的共同方法。

帝企鹅在南极冰原上依偎取暖

自切里-加勒德的年代起，企鹅的栖息地没有变化多少，但南极洲的人类营地就不可同日而语了。现在的南极站能洗桑拿，还成立了一个"华氏三百俱乐部"，加入的条件相当苛刻。要成为会员，你必须在不到一分钟的时间内使身体经受华氏 300 度的温度变化。具体来说，你要先在超过 205 度（约摄氏 96 度）的房间里蒸桑拿，然后光着身子冲到零下 100 度（约摄氏零下 73 度）的户外听自己的皮肤噼啪作响。逗留片刻之后再冲回室内。

在动物界，能同时在赤道和两极生活，到哪里都得心应手的生物，也只有人类了。不过我们也并非时时都能掌控一切。有一种失控相当常见，那就是发烧。

当事情出了差错

我还记得小时候住在佛罗伦萨时，和母亲在深秋的一天上街散步的情景。我当时九岁，虽然穿得暖和，却仍瑟瑟发抖。我告诉母亲我不舒服，她伸手摸我的额头，然后说我发烧了，必须立刻回家。我们在前往有轨电车站的路上经过了一家书店，母亲补充了一句，说我这年纪已经可以自己买书看了。于是我买下了凡尔纳的《神秘岛》。接下来的三天是奇妙的三天，我发了烧，我的爱书生涯却也就此拉开了序幕。在小说中，岛上的殖民者们发现了一种"发烧树"，它能预防发烧，却无法治疗。我的病情拖了很久，或许是因为我想花点时间把书读完。那次发烧的原因没有查明，但是和普通的发烧一样，它最终还是结束了。

实际上，就算有了现代医学的魔法，发烧的原因也往往还是无法确定。医生说他们常遇到莫名其妙开始发烧的病人。如果一次发烧持续三周以上，热度至少在华氏 101 度（约摄氏 38.3 度），而且在医院观察了至少一周之后仍然无法解释，那么它就符合一次"神秘发烧"的标准了。这类发烧是最麻烦的。反过来说，即使病因已经查明，医生还是有必要记录发烧的过程。

住院病人的床脚都挂着一张单子，记录着温度、血压、脉搏和呼吸这四个数据，这张单子是任何一个住院病人都有的，因为它往往体现了疾病的进程。即使我们无法确定疾病、不知道该怎么治疗，这四个数据也会告诉我们病情的发展，并透露好转的迹象。

体温过高会造成严重危害。在脑膜炎、伤寒或肺炎之类的急性感染中，病人的体温可能飙升到 107 度（约摄氏 42 度）甚至更高，抛开病情不论，这么高的体温本身就是极大的威胁。病人会开始颤抖、谵妄和痉挛。治疗必须迅速，还要依照《哈里森内科学》的指示：

在诊断热性疾病时必须同时运用医学中的科学与艺术元素。出现这种临床表现时应该掌握患者的详细病历。症状出现在什么时候、以前服用过什么药物（包括未遵医嘱的那些）、接受过什么治疗，都要一一调查清楚。

这一段说得非常在理。面对发烧时，盲目治疗反而弊大于利。

引起发热的物质称为"致热原"（pyrogen），它和"热病"（pyrexia）、"烟火"（pyrotechnics）、"纵火狂"（pyromania）都包含了表示"火"的希腊字根 pyro。致热原可以分成外源性和内源性两种，前者在人体之外形成，后者来自人体本身。细菌就是一种致热原，它们会刺激人体释放一种叫做"细胞因子"的化学物质，这种物质随着血液进入下丘脑，在库欣所谓的这个"原始生命的力量之源"里，它们催生了另外一种化学物质，前列腺素。前列腺素将身体的恒温调节器设置到一个更高的温度，于是人就发烧了。

发烧时，身体产生了和运动相反的反应。运动和发烧都使核心体温上升，但运动时身体出汗，从而使温度降回正常的定值；而发烧时，身体却会颤抖，肌肉通过不由自主的收缩产生更多热量，将人的核心体温推上新的定值。换句话说，这时的身体"认为"自己应该变热。

发烧时，有两种方法可以使下丘脑中的设定温度恢复到正常值。一是排除致热原，也就是杀死催生细胞因子的细菌。二是服用阿司匹林或类似药物，以阻止前列腺素的合成。简单地说，要么毁掉信件，要么杀死信使。

阿司匹林的历史只有一百年多一些，但是和它有关的产品却早就为人所知了。一般认为希波克拉底是现代医学之父，因此希波克拉底誓词是医学伦理的体现。他在公元前 5 世纪就用柳树皮的提取物治疗了发烧和疼痛。柳树的拉丁文名称是 salix，树皮中的有效物质称为 salicin，即水杨苷。可惜它虽然能治病，却会引起胃部不适。这个副作用直到 1897 年才得以改善。那一年，拜耳公司的一名药剂师对水杨苷加以改进，合成出了效果远胜于它的乙酰水杨酸。1899 年，拜耳将新产品冠名"阿司匹林"推向市场。它第一次销售是在 1915 年，当时尚无处方。和水杨苷相比，阿司匹林的副作用要轻微得多。人们很快认识到了它的价值，但是其原理始终不甚明了，一直到 1970 年代，约翰·范恩（John Vane）才发现了它具有抑制前列腺素的功能。因为这个发现，范恩获得了 1982 年的诺贝尔医学奖。

我要再强调一次：即使有了现代医学的一切工具，病人和医生还是会经常找不到发热的确切原因。有时候病人走运，那就治疗迅速，疗效显著。然而直到 20 世纪以前，人类还没有多少药物可以有效地治疗感染。抗生素的历史不过五十年，它们的确是对抗感染的有力手段，但是随着抗药菌株的出现，情况又复杂了起来。我想引用 1999 年 6 月 9 日《纽约时报》上的一则讣闻，要说明这方面的进步离我们多近，没有什么比它更合适了：

5 月 27 日，安妮·谢夫·米勒（Anne Sheafe Miller）在康涅狄格州的索尔兹伯里逝世，享年 90 岁。她是第一个被青霉素挽救性命的人，因此名留医学史册。

1942 年 3 月，这位米勒太太在纽黑文的一家医院里到了弥留之际，她感染了链球菌，那是当时常见的一种死亡原因。她入院已经一个月，常常神志模糊，体温最高时达到华氏 107 度（约摄氏 41.7 度）。医生用尽了一切办法，包括磺胺类药物、输血和手术，但是没有一样见效。

事情接着发生了转机：虽然亚历克斯·弗莱明爵士早在 1928 年就发现了青霉素，但它的疗效始终没有得到认可，直到米勒太太试用青霉素并且奇迹康复，医疗界才终于接受了它。米勒太太是幸运的，她发烧的原因很明确，当时也正好有医治的方法。

虽然希波克拉底是有史以来第一位治疗发热的医生，但是放眼古代世界，盖伦才是这个领域最具影响的人物。盖伦生于哈德良治下的罗马帝国，出生地在小亚细亚，父母都是希腊人，他本人精于解说，长于编纂，还是一位伟大的教师。他撰写过大量书籍，并在《论身体各部位的功用》等著作中总结了自己的观察。一直到 17 世纪，这些巨著仍旧主导着关于人体的思考，当时的盖伦之于医学，正仿佛亚里士多德之于哲学、托勒密之于天文学。

古希腊人认为，世间万物由土、气、水、火四种元素构成，而人最基本的感官体验是热、冷、干、湿。盖伦从这个设定出发，提出了人类的四种体液：血液、黄胆汁、黑胆汁和黏液。每一种体液都会造就特殊的面相、行为，甚至肤色。其中，血液与气、清晨、春季有关；黄胆汁使人想起火、正午和夏日；黑胆汁对应土、黄昏和秋季；黏液则体现了水、夜晚和冬天。人的性格气质也有四种主要类型：多血质、胆汁质、抑郁质、黏液质，分别对应血液、黄胆汁、黑胆汁和黏液。举例来说，阿尔布雷希特·丢勒（Albrecht Dürer）在 1526 年创作的木版画《四使徒》，就很可能是在表现这四种气质，画中的圣约翰为多血质，圣马可为胆汁质，圣保罗为抑郁质，圣彼得为黏液质。

因为黄胆汁与火有关，盖伦自然就想到了黄胆汁过多是发烧的原因。盖伦采用的是体液疗法，目的是使病人的体液重返平衡。体液一旦紊乱，就要运用冷热、干湿、补泻或放血的手法来找回平衡。到今天，体液疗法又有所复兴，有人把它和现代医学关联，也有人将它与其他类似的疗法挂钩，比如早于盖伦几百年在印度产生的阿育吠陀医学。虽然黄胆汁和黑胆汁的概念不能光看字面解释，发烧也显然不是黄胆汁过多引起的，但身体机能的均衡仍然值得提倡。

进入人体的有害微生物能够破坏这个均衡，也常这么做。在医生们理解病菌的活动之前，手术往往是弊大于利的，这主要是因为当时的手术不具备无菌环境，术后常会造成感染。别忘了：巴斯德等人提出病原菌学说，到今天不过一百年出头而已。

杰出的微生物学家勒内·杜博斯（René Dubos）为巴斯德这位伟人写过传记，其中引用了一则数据：普法战争期间有 13 000 名法军士兵接受了截肢手术，其中 10 000 人不幸身亡。巴斯德在病房参观时想到，经过外科医生的脏手或脏衣服传播的细菌才是最要命的，而由空气传播的细菌尚在其次。1878 年，他在法国医学院发表了一席著名讲话，他说：

现在的病人，无时不在微生物的威胁之中，他们周围的一切物体上都寄居着微生物，在医院里尤其如此。如果我有幸做了医生，一定要使用绝对清洁的器具，治疗前我会以最大的谨慎清洗双手，并在火焰上迅速烘干，这么做其实相当简单，并不比一个熏肉工人在两手之间倒腾一块灼热的煤块更麻烦。绒布、绷带和海绵，事先都要用 265 至 300 度①的高温消毒，我才会使用。

巴斯德发现了感染的危险，然而将这个发现付诸实践的却另有其人。一般认为，是年轻的苏格兰医生约瑟夫·李斯特（Joseph Lister）发展并归纳了无菌手术的理念，从而减少了受伤或手术之后的感染事件。不过李斯特没有忘记巴斯德的功劳，他在 1874 年给巴斯德的信中写道："容我借这个机会向您送上最诚挚的谢意，是您的高明研究使我懂得了病菌感染理论。您的发现，是无菌医疗得以实施的唯一原理。"

我们常常把细菌看作入侵身体的对手，但实际上，许多细菌都在我们体内平静地栖息，不会制造任何麻烦。即便是恶名远扬的大肠杆菌也遍布于我们体内。它们平时在结肠内安居，哺乳动物的身体里多少都住

---

① 约摄氏 130 至 150 度。——译者

着这些访客。只有当它们摸到了肠道以外，比如进入了尿道，才会造成感染，不过一般也不会太严重。

有些种类的大肠杆菌的确是有害的，而且时不时还会出现一个害处极大的菌种。大肠杆菌 O157∶H7 就是其中的典型。1980 年代初，有人在吃下受到污染的汉堡包后严重感染，大肠杆菌 O157∶H7 就是在那个时候发现的。它们最初栖息在牛的肠道中，对牛的健康并无影响，但屠宰是一个混乱而肮脏的行业，难免会在牛肉中混进一些杆菌；尤其是那些经过挤压处理的肉块，特别易受到污染。大肠杆菌 O157∶H7 出现之后引起了一阵恐慌，于是科学家开始研究治疗手段和预防措施。幸运的是，就汉堡包而言，有一个简单的消毒方法：以华氏 160 度（约摄氏 71 度）的高温烹饪 15 秒钟，就足以杀死细菌。但是即便如此，美国每年仍有 75 000 个 O157∶H7 感染病例。

加热到 160 度并不总是可行的做法——比如外科医生就不可能真的烘烤自己的双手。这时就需要最先进的医学来帮忙了。在盖伦和巴斯德之后，今天的我们有了基因测序技术。2001 年 1 月 25 日的《自然》杂志上完整刊出了大肠杆菌 O157∶H7 的基因序列。作者写道："大肠杆菌 O157∶H7 造成的严重疾病目前还没有见效的疗法，而且受它感染的食物可能引发大规模疫情，因此我们要加紧研究，找到它的发病机理和诊断方法。"完整的基因序列已经公布，下一步就是寻找更好的诊断工具乃至治疗方法了。与此同时，汉堡包也一定要细心烹饪才行。

除了加热，我们还没有对付 O157∶H7 的其他方法。我们同样无法对付许多引起发热的东西。不过真正令人意外的，是我们连自己为什么发热都还不能确定。发热的原因，绝不仅仅是体温升高几度，杀死入侵细菌这么简单。的确，有的细菌对温度十分敏感，比如肺炎链球菌，在华氏 106 度（约摄氏 41 度）以上便难以生长。但是对于大多数细菌，将它们杀死的温度都远远超过人类所能承受的上限。医疗器械的消毒、肉类和禽类的烹饪，通常都要将温度提升到华氏 160 度以上（记得巴斯德对医生的建议么?）。那么，如果体温升高的目的不是杀死细菌，又是为什么呢？

热度造成休克

热度太高或发热太久都对病人有害，可是发热只有坏处吗？那也未必。如果真是那样，那它又为什么在数百万年的演化中保留了下来呢？不过，发热对身体的伤害似乎确实大于它的好处：人的体温每升 1 度，对氧气的需求就增加约 7%；这会使我们消耗更多体液，也会增加心脏和其他器官的压力。发热会削弱心智的功能，即使不危及生命，也可能引起谵妄。发热还会休克身体，所以过去的医生会故意使一些精神病人发热，作为治疗的手段。1927 年的诺贝尔医学奖颁给了朱利叶斯·瓦格纳-尧雷格（Julius Wagner-Jauregg），就是因为他发现了精神病人在感染炎症之后病情会有所好转。受到这项研究的启发，1930 年代的医生开始用疟疾来治疗晚期神经梅毒病人。有一位医生回忆了自己刚入行时治疗精神病人的手段：

我们用现成的工具治疗每个病人。结肠灌洗是一个办法，发热疗法也是。我们有一株疟疾病菌，是为预防注射准备的。后来我们又用了伤寒病菌。我们给病人打一针伤寒疫苗，几小时之内，他们就会恶心、呕吐和腹泻，体温也会升到 104、105 度（约摄氏 40 度）。我们这样治疗八到十周，每天两到三次。这样做能使狂乱的病人筋疲力尽。

可见这种疗法的主要目的是使病人镇定而非好转。

不过也有一些证据表明，发热能够强化免疫系统的功能。当体温升到华氏 104 度（摄氏 40 度），免疫系统中的白细胞就会加快运动。但这只是人类演化出发热反应的可能原因之一。马克维克（P. A. Mackowiak）指出，发热有时还能起到保护群体的作用：当有人轻微感染，免疫系统会略微强化，使他迅速复原；可是一旦有人感染了烈性疾病，免疫系统就会引起高烧，将他迅速杀死，以避免将疾病传染给亲属。如果发热真有这样的功效，那么照理有许多动物都会发烧才对。我们这就到动物界去找找线索。

温血动物——包括哺乳动物和鸟类——都会发烧，但冷血动物也会对感染作出反应。蜥蜴不能靠内部机制提高自己的核心体温，如果给它们注射有害的细菌，它们就会移动到较为温暖的地方。鱼类也是如此，如果在感染后无法转移，它们的死亡率就会显著上升。就连昆虫都会表现出这种行为：从马达加斯加蟑螂到美洲迁徙蝗虫，研究发现它们都会在感染后向着温暖的环境移动。

对温度的敏感和调节温度的能力为什么在动物界如此普遍？这其实也是意料中的事，因为下丘脑和脑的其他部位不同，它很早就在演化史上出现了。具体有多早？可能要追溯到五亿五千万年之前。当脊椎动物刚刚问世的时候，这些拥有骨骼和脊椎、头骨里盛着脑子的动物，就已经长出了下丘脑。

有一种动物在那个年代就是脊椎动物的近亲，到今天仍然活在世上，那是一种长 2 英寸（约 5 厘米），在沙子上挖洞生活的银色生物。这种动物学名叫文昌鱼，它没有脑和骨骼，但背部有一条神经索，包裹在一层较硬的组织内。这条神经索的一头隆起，或许可以看作是较早的脑。尼古拉斯·霍兰（Nicholas Holland）和琳达·霍兰（Linda Holland）长期在佛罗里达的水体中搜寻这种小鱼，并用现代分子生物学技术对那个隆起做了研究。他们发现，将脊椎动物的脑分成前脑、中脑和后脑的基因，同样在文昌鱼的隆起中决定着细胞分布和整体格局。看来，大自然在很久以前就已经解决了一个问题，后来又一再地使用过同样的策略。

文昌鱼和脊椎动物的相似，使它们可以一同归入脊索动物门。文昌鱼也有脑，但它的原理和我们一样吗？就在霍兰夫妇开展遗传学研究的同时，神经解剖学家瑟斯顿·拉卡里（Thurston Lacalli）也在对文昌鱼的脑做细致的分解。他将文昌鱼的那块隆起切成了五段，并研究其中神经元的连接方式。这是一项缓慢而细致的工作，就像琳达·霍兰所说："这就好比是把一架 747 客机一毫米、一毫米地切开。"精细的工作带来了回报，拉卡里宣称，隆起的神经结构和脊椎动物的脑部相吻合，它的附近还有一团细胞，形成一个类似眼球的原始器官，它不能够看清物体，但是区分明暗应该没有问题。另一些细胞甚至起到了原始下丘脑的作用，指导文昌鱼游泳或者进食。也许，它们还能感受温度。

脑部结构的近似能在很大程度上解释许多物种升高核心体温的反应，但是在感染后向着温暖场所移动的行为实在太过普遍，使我们不由得要到脊椎动物之外去寻找它的源头。毕竟，就连昆虫都会在感染之后寻求温暖。如果这个机制真的如此常见，我们就很可能在果蝇中找到它的解释。果蝇是 20 世纪遗传学研究的长工，它们短短几天就能繁殖，吃腐烂的香蕉就能成长，用作研究对象实在再方便不过。

1930 年代，研究者在果蝇身上发现了一个重要事实，它使人终于能对温度有了更加深刻的理解：果蝇体内的所有细胞都含有四对染色体，但是它们的唾液腺细胞却有一些特别。这些喉部的微小突起中精确排列着每条染色体的数千份拷贝，组成了一个巨大的副本序列。假如一条 1 英尺长的细线上有若干色斑，那么你不用放大镜是很难发现它们的。但是如果将 5 000 条同样的细线并行排列，那些色斑就会组成一条条清晰可见的彩色条纹。同样的道理，普通的果蝇染色体实在太小，上面的特征很难用光学显微镜发现，但是有了它们唾液腺中这种巨大的多线染色体，其中的细微结构就能看清了。

1962 年，里托萨（F. M. Ritossa）注意到了一个现象：当果蝇周围的温度比它们正常活动的温度略高时，它们的多线染色体就会发生膨胀。这个现象会持续半个小时，染色体先是膨胀到原来的两倍，然后再缩小——从经典遗传学的角度来看，就是这么回事。

然而从分子生物学的角度，又是另外一番景象。1974 年，阿尔弗雷德·提西瑞斯（Alfred Tissieres）和赫歇尔·米歇尔（Herschel Mitchell）发现，染色体在膨胀的同时会产生大量新型蛋白，它们后来被称作"热休克蛋白"（heat shock protein），简称 hsp。起初，这些蛋白的功能并不明确，但是在随后几年的研究中，一幅有趣的图画开始铺陈开来：为了完成细胞的工作，许多不同类型的蛋白必须以正确的方式四处移动、互相交流。要做到这一点，DNA 编码就必须发布正确的化学式。不仅如此，组成蛋白的氨基酸还要以正确的方式折叠。如果没有正确的空间结构，分子之间就无法组合，甚至不能够辨认彼此。

长蛋白分子的折叠方式到今天还是一个谜。1972 年的诺贝尔奖颁给了克里斯蒂安·安芬森（Christian Anfinsen），因为他证明一条蛋白质链上的氨基酸序列决定了镶嵌在细胞水溶液中的分子的大体结构。水溶氨基酸想要移动到蛋白质链外面，而不溶于水的氨基酸则尽量要避开水。长蛋白分子的折叠遵照热力学进行，它试图将外部的第一类分子和内部的第二类分子排成一线。折叠开始了，但还不足以完成。接下来还要热休克蛋白，即 hsp 出场。

这个机制有点像一间车身修理店，当蛋白因为一次事故而折叠变形时，类似拖车的 hsp70 就会将它抓住并拖进店里，接着由小小的 hsp10 工具修理，最后再送回细胞。Hsp60 的形状像两个圆环，位置一上一下，正好固定受损的蛋白。高温会增加事故几率，因为随着温度升高，蛋白质的移动也会加快。而这些修长精密的蛋白移动得越快，它们就越容易在事故中折叠变形。我很喜欢这个修车店的比喻，但是其他科学家大多将 hsp70 称为"分子伴侣"，这或许是因为它们会把蛋白护送到维修点。

虽然果蝇带头揭开了一个秘密，但是制造 hsp70 却是许多物种具备的功能。到 1970 年代末，研究者已经在细菌、植物和动物体内发现了类似的蛋白，而且它们总是随着温度的升高而产生。大肠杆菌在华氏100 度（约摄氏 37.8 度）时大量生产热休克蛋白，到了 120 度（约摄氏48.9 度）更是只生产这种蛋白。这时的大肠杆菌已经濒临死亡，热休克蛋白却仍在努力工作。如果热休克蛋白只负责这类维修工作，那倒也挺有意思，但是事情并没有这么简单。

除了温度过高之外，还有许多环境压力会造成蛋白质在细胞中畸形或折叠异常。毒物、重金属和各种污染物都会造成破坏，有的破坏力与高温相当，有的甚至更大。70 年代末，研究者发现这些入侵者都会使细胞产生 hsp，这一点和温度升高时没有多少不同。由于这个应激反应在许多情况下都会出现，热休克蛋白现在也常常称为"应激蛋白"。

研究者认为，应激蛋白在人类的疾病中扮演着重要角色。例如，免疫系统会对入侵者加以识别、反击和消灭，但是在此之前可能还有一个中间步骤：入侵者先触动了应激蛋白，再由应激蛋白警告免疫系统。现在看来，应激蛋白可能也在人类的发热反应中扮演着重要角色。也许，生病时的体温升高只是促使身体生产 hsp 的一种手段。hsp 的生产是果蝇到人类都有的一种基础反应，它也一定是发热的原因之一。

19 世纪下半叶，人类发现了自身与其他人科动物的亲缘关系，并由此开始一步步认识到了生物适应机制的普遍性。20 世纪中叶，人类又意识到一切生物都使用 DNA 和 RNA 编码遗传信息，弗朗西斯·克里克[1]把这称作是"分子生物学的中心法则"。不过一开始，我们认为动物之间毕竟是有所分别的，因此不同物种的基因中包含的信息也应该是不同的。直到 20 世纪下半叶，基因测序才证明了我们和其他动物是何其相似，不仅与其他人科动物相似，也与青蛙、海胆、鱼类，甚至酵母细胞有不少共同之处。在我看来，对这个共性的认识称得上过去二十年来生物学的最大发现。

比如，果蝇身上有一个 Hom 基因，它确定了果蝇的背部构造，区分了它的前部与尾部。令人惊讶的是，遗传学家在蠕虫、水蛭、文昌鱼、小鼠和人类体内都找到了同样的基因。而且，将小鼠的 Hom 基因插到果蝇体内，果蝇也能正常活动。还有一个基因主宰视觉，它在果蝇和小鼠体内也几乎相同。当然，哺乳动物的透镜状眼球和昆虫的复眼是截然不同的，但是究其根本，生发出视觉的基因却是一致的。

比起身体构造或视觉，体温的调节就不太容易确认了。我们也许无法找到控制冷热的主宰基因，但这仍然是一个所有物种具备的基础功能。体温控制的根源是什么？它是如何设定的？又是如何变化的？它真的是所有物种普遍具有的吗？对这些基本的问题，我们才刚开始研究而已——它们都是值得在未来几十年中认真钻研的问题。

与此同时，我们仍在了解脑、神经、皮肤、血液和遍布全身的汗腺如何维持恒定的体温，其他动物又是如何调节体温的。在研究生物的共性之余，我们也在了解细节的差异，这两个工作是一同推进的，也应该一同推进。

人类虽然和最简单的生物有相似之处，却也和其他所有动物有着重大的差别。我们会读书、会写字、会生火，甚至还会测量火的温度。

---

① 弗朗西斯·克里克，英国生物学家，DNA 双螺旋结构的发现者之一。——译者

第二章　测量工具

17 世纪之前，人类对温度的测量并不讲究，他们只需要大致的原则，知道穿什么衣服、去什么地方、如何烹饪食物、如何锻造工具就可以了。当然，盖伦制定过医学活动的准则，将对标准温度的偏离划分成了四类，古时候也的确有一些关于温度的常识，比如多少木材才能烧开冷水、烧成陶器，但这些技能都是从实践中获得的。相比之下，长度、时间和重量的标准度量就显得异常精确了，因为政府、商贸和日常生活的有序运行都要依赖它们。相对于现代的长度单位"米"，苏美尔人有 zir，阿卡德人有 ubanu，亚述人有 imeru，犹太人有 gomor，然而这些古代文明里是找不到温度单位的。那时还没有温度一说。

希腊人很善于测定长度，即使不能直接测量也能推算出来。公元前 3 世纪，厄拉多塞（Eratosthenes）在两个相距遥远的城市测量了正午时太阳光线和一根竖直杆子的夹角，由此推算出了地球的半径，他的结论和地球的真实半径相差不到 5%。同样是公元前 3 世纪，阿利斯塔克（Aristarchus）算出了太阳和月亮的大小，以及地球和它们的距离。

时间比长度难测量，不过日益精准的日晷、水钟和沙漏也能够应付。让稳定的水流（应该叫水滴）从一个容器进入另一个容器，扣去蒸发，就能精确而持续地测量时间了。日子和年则以天文观测的数字来确定。船只在预定的时间离港，婚礼在约定的日子举行。即使到了这时，对温度依然没有记录。我们常常用时间来度量宇宙、地球、生命、人类和文明的演化，但时间并不总是最好的计量单位。我会在下面指出，研究宇宙的早期历史，常常要用温度来标记宇宙在冷却过程中的事件发展，而不是时间。

如果要以温度为标记叙述人类文明的发展，我会引用人类一路以来对火的运用——从狩猎采集到建村定居，再到生产工具，我们制造出了越来越热的火。最初是石器时代的第一堆篝火，然后是用木炭帮助燃烧，接着又用风箱锻造了铜和铁。更进一步，我会说到蒸汽机，说到19世纪伟大的贝塞麦炼钢炉，还有最近的核子时代。我的这部历史将从华氏0度开始，经过500度、1 000度、2 000度和2 500度，直到华氏数百万度。至于最近的这两百年，我可以用实验室中不断创造的低温作为标记。一个接着一个，我们将已知的气体全部液化。就在第二个千年即将结束的时候，人类制造出了绝对零度以上几十亿分之一度的低温。

第一缕火光

我们不知道是哪位智人祖先首先掌握了生火的技巧，甚至不知道这技巧是不是智人发明的。我们也不知道第一堆火是从哪里生起来的。我们知道自己是南方古猿的后代。大约五百万年之前，我们的直系祖先在非洲中南部出现，告别黑猩猩，走上了独立演化的道路，它们从湖畔南方古猿变成南方古猿阿法种，再变成了非洲南方古猿。这最后的一种高约4英尺（约1.2米），重约60磅（约54公斤），脑容量是我们的三分之一，比起人类，它们看起来大概更像今天的黑猩猩。它们的骨盆已经变化，能够直立行走而不必再用指节支撑体重。到大约两百五十万年前又发生了一次分化，早期的猿类物种纷纷灭绝，只剩下了一种，它继续演化，生养众多，从能人变成直立人，并最终变成了智人。

早期的岩洞中包含着古人用木材生火的化学证据，它们的历史至少可以追溯到二十万年前，也就是直立人向智人过渡的时代。这些洞穴里往往堆积着残灰，灰烬里包含着树木才会吸收的矿物质，说明它们都是焚烧树木产生的。然而这并不足以证明那就是人类制造的火焰，甚至不能证明人类到过那些岩洞。在残灰之外，我们还要找到大量的石质工具、原始的炉床、大型哺乳动物的骨骼，以及被捕猎、烹饪并食用的动物留下的残骸（假定这时的人类已经开始吃肉）。这样的一处遗迹真的找到了，它位于匈牙利的韦尔泰什瑟勒什附近，在那里，烧焦的骨骼甚至摆成了放射状，形如一堆篝火。这显然是人类生火的证据，它的年代距今二十万年以上。再往前的事就不清楚了。

　　过去五十年里，考古学家认为最早出现人为生火迹象的遗迹是周口店，它位于北京西南郊大约 30 英里（约 48 公里）。也许五十万年之前，曾有一个直立人在那里烹饪过一头鹿。然而研究者最近又对发掘地做了一次分析，他们发现那些烧焦的骨骼太过零散，应该不是来自同一个营地。此外也没有多少证据表明当地有过壁炉或是炉床。遗迹中的残骸确是有机物，但并不是燃烧木材产生的灰烬。总而言之，说智人的祖先曾经生火，这一点还没有清楚的证据。

　　考古学家在古代营地的炉床上寻找骨骼的时候，一般都假设古人生火是为了烹饪肉食。传统观点认为，在直立人向智人的转变中，它们的食物也从水果和浆果变得更加富含肉类，这些肉食有的来自死去的动物，还有的可能来自狩猎。骨髓蛋白使人长得高大，也促进了身体的发育。然而哈佛大学的人类学家理查德·兰厄姆（Richard Wrangham）却和同事宣称，虽然火焰的运用改变了直立人的食谱，其中却并不包含从素食到肉食的转变。他们主张，人类食谱的改变，可能是因为他们学会了挖掘、烹饪木薯和山药之类的块茎。更进一步，他们还认为这份新食谱导致了家庭和部落结构的彻底变化，从此以后，块茎的收集、储存和加工成为了家庭和部落的中心任务。生的块茎布满纤维、难以消化，烹饪则将它们转化成了容易吸收的卡路里。在现代非洲，块茎依然是饮食中的一大宗。兰厄姆认为，早在一百八十万年之前，非洲平原上的人们就已经在烹饪富含淀粉的块茎了。兰厄姆的观点是关于人类社会演化的诸多理论中的一个，这些理论相互竞争，兰厄姆也难免受到质疑：虽然烧烤块茎不会像烤肉那样留下明显的证据（烧焦的骨头），但它总该留下一些清楚的化学痕迹吧？

饮食之外，火还转变了人的生存方式。一把熊熊的篝火可以吓退动物，在洞穴入口生一堆火，即使最坚定的猎食者也会望而却步。火还为洞穴带来光明，使人能在洞穴的更深处定居。有了火，人类就能从自己诞生的温带迁居到气候严酷的寒带，如果他们还发明了工具，能够狩猎制衣，那么迁徙就更容易了。

大约五万年前，欧洲东南部和近东地区都出现了复杂的武器和工具，那是贾雷德·戴蒙德①（Jared Diamond）所说的"大跃进"时代（The Great Leap Forward）。人类有了长矛和鱼叉，能够从远处捕猎大型动物了，他们还学会了缝纫，做出了质地更好的衣服。艺术诞生了，拉斯科岩洞②的宏伟岩画就是证明。不过虽然有了种种进步，人类却仍处在石器时代。他们的工具和武器变复杂了，但依然是用碰撞岩石的方法制成，要不就是从其他岩石上凿下的。温度还没有在工具的制造中发挥作用。

这次转变之后不久，人类开始采掘黏土。黏土在地壳中大量存在，风干后简单地生火烘烤就能制成器物。黏土中一般含有氧化铁，加热后

---

① 贾雷德·戴蒙德，美国生物学家及科普作家，著有《枪炮、病菌与钢铁》等。——译者
② 拉斯科岩洞，法国南部的岩洞，在 1940 年发现了距今一点六万年的史前壁画。——译者

不但会硬化，还会呈现出色彩。在富氧的空气中加热，它就会亮起红色；在多烟少氧的火焰中灼烧，它又会变成黑色的磁铁石。现今所知的最古老的黏土雕像有两万七千年历史，发现于今天的捷克境内。最古老的黏土陶器出土于日本，也有一万四千年的历史。

用来收割野生植物的工具在公元前 11000 年左右出现。大约一万年前，一些人类部落迎来了一场剧变，从狩猎采集者变成了农民。这个变化发生在地中海沿岸，发生在亚洲东南部，也发生在新月沃土（也就是中东的两河流域）。又过了两千五百年，新月沃土出现了种植小麦和大麦的确切证据。这些早期文明需要更好的农作工具、更好的储藏容器和更好的战争武器，这些需求都促使它们改良了生火的技术。这一点在金属的加工中格外明显。

人类最先加工的都是较软的金属，比如金和铜，这些金属容易锻造，它们不用加热，只需敲打就能制成薄片，然后用石质工具赋形。到公元前 3000 年左右，人们发现将铜加热并掺进少量其他金属（主要是锡）就会产生一种合金，它的强度更大，也更耐久。这就是青铜，希腊人叫它 chalkos，罗马人叫它 aes。

历史上的青铜是由铜和锡熔炼而成的合金，两者的比例大约是 8 比 1。多加点铜，就会得到一种较软的合金，适于制造各种器具和盔甲；少加点铜，就会得到一种较硬的合金，适于铸造剑或钟。随着时代的变迁和社会的发展，人们又在青铜中加入了其他金属，加多加少，都根据需求和储量而定。用来炼制青铜的金属有锌、铅、银、锑、砷、铝和磷，这些元素，或为实用，或为装饰，都会改变合金的性质。《荷马史诗·伊利亚特》里就描写了赫菲斯托斯为阿基里斯铸造盾牌的方法，说他在熔炉里加入了铜、锡、银和金。这个将青铜工具用于生产和战争的时代，是大多数文明都曾经历的阶段。这个阶段是如此重要、如此鲜明、如此独特，以至于考古学家径直将它称作"青铜时代"。

由石器时代、青铜时代，接着就到了铁器时代。铁器比青铜器坚硬得多，铁器的诞生使人类迎来了全新的可能，文明也再次嬗变。铁器时代的特征是华氏 2 000 度（约摄氏 1 093 度）到 2 500 度（约摄氏 1 371 度）的热火。它始于青铜时代开始后的两千年，地点是新月沃土。在世界的其他角落，青铜时代开始较晚，持续的时间也较短。

　　铁的熔炼分为两个步骤，它需要的复杂技术，已经不单是生一把火那么简单了。地球上的铁大多以氧化铁的形式存在，炼铁的第一步是去除其中的氧。这一步称为"还原"，需要华氏 1 500 度（约摄氏 816 度）的高温。还原时反而要在熔炉中加入氧气，加入的游离氧与焚烧木炭产生的碳结合，形成一氧化碳。一氧化碳能去除氧化铁中的氧，并形成二氧化碳。然后将二氧化碳小心地排出，剩下的就是铁了。不过这时的铁还较为原始，包含了许多杂质。第二步是继续加热，产生的熔渣浮在表层，留在底层的就是纯铁了。这最后一步的温度必须远远高于杂质的熔点，又要远远低于铁的熔点，即华氏 2 800 度（约摄氏 1 538 度）。我将这个阶段的文明标记为华氏 2 500 度（约摄氏 1 371 度）左右。

　　我在前面已经提过，随着温度升高，人类的工具由石器、青铜器而进化至铁器，而与之相伴的一个过程是对于黏土的烧制。地球的土壤中富含氧化铁，也同样富含构成黏土的硅酸铝微粒。黏土的结构是层层堆积，层与层之间很容易滑动，这使它们容易塑形。加热之后，黏土熔化，这种熔化恰到好处，既能固化成坚硬的团块，也保留了原来多孔的质地。为了掩盖这些小孔，烧好的黏土表面常要覆盖一层釉料，釉料由玻璃般的微粒构成，它低温加热就会熔化，可以覆在黏土器物表面而不改变其形状。釉料里掺一点水，就能涂抹在黏土上了。我们钟爱的釉彩，其实就是釉料中残余的杂质。一件日用品在巧匠的手中变成了艺术，这也是人类历史上一再发生的妙事。釉料的比例、烧制的时间、釉中的杂质、窑炉的温度，这些共同决定了黏土表面的纹彩。

在发现釉壶的古代遗址当中，伊朗西部的戈丁遗址（Godin Tepe）是最古老的一处。分析显示，那里的釉料曾经过华氏1 900度（约1 038摄氏度）的预烧，接着磨碎并覆上陶壶，再加热至接近华氏1 500度（约摄氏816度）。这种方法一度失传，直到公元前1500年才在中国大规模重现。伟大的中国陶瓷艺术是许多因素造就的，其中之一就是中国富含大量的上等黏土和石灰石，能做出绚丽的釉彩。到公元前1500年，一般的陶器已经可以华氏2 000度（约摄氏1 093度）烧制了。

到公元前500年，希腊人将釉料熔成液态涂到大型黏土容器上，然后放到充满烟雾的空气中加热，使整个陶瓶变黑。接着再往窑炉里添加富氧空气，使没有上釉的部分重新变成红色。于是，我们为之倾倒的阿提卡双耳瓮就诞生了。

大约两千年前，人类将火加热到了华氏2 500度（约1 371摄氏度）。然而在那之后的一千六百年里，人类在生火、医药、天文和测量领域都没有多少进步，至少在西方世界是如此。但是接着，一切都变了，原因之一，就是人类在温度测量上取得了可观的进步。

温度计的四位发明者

17世纪早期的人们发明了许多测量工具，望远镜、显微镜和温度计一一问世，稍晚一些还出现了摆钟。然而，只有当观察能够证明或者推翻某个理论时，测量才具有科学意义。所以，最后为我们所知的是那些理解了测量的重要意义的人，而不是测量工具的发明者。不过，要不是因为有了合适的测量工具，那些科学上的观察和发现就很难实现。

温度计在问世之后没有立刻改变我们的世界观，也没有很快引出重大发现，在这一点上，它的身世更像显微镜，而不是望远镜。我们这就来比较一下这三种工具。

第一台望远镜大约是公元 1600 年左右由几个荷兰眼镜师中的一个发明的。汉斯·李普希（Hans Lippershey）、詹姆士·梅修斯（James Metius）和萨卡里亚斯·扬森（Zacharias Jansen）都自称是望远镜的发明者。然而在更深层的意义上，当伽利略在 1610 年 1 月 7 日将望远镜指向天空时，它才算真正被发明了出来。伽利略将焦点对准木星，并在木星附近发现了四个他认为是恒星的天体。他会这么认为并不奇怪，因为他在那段时间里发现了数百颗恒星，也第一次指出了银河系是大量遥远恒星的集合。1 月 8 日，那四颗"恒星"和木星的相对位置发生了变化。1 月 9 日天上多云。10 日再度晴好，伽利略发现它们的位置又变了。换作别人，或许会觉得这个变化微不足道，但是伽利略却以他一贯的自信断定这些不是恒星，而是环绕木星转动的卫星，每隔几天就有一颗运行一周。伽利略描述了这个现象，但他使用的词语依然是"恒星"而不是"卫星"：

有一个发现超越了一切奇观，也值得我们向所有天文学家和哲学家鼓吹一番，那就是在夜空之中，有四颗前人不曾察觉的漫游恒星。就像水星和金星按着各自的周期围绕太阳转动，这四颗恒星也在按着各自的周期，围绕着已知天体中的一颗亮星转动，它们时而超越其前，时而跟随其后，但是始终保持在某个范围之内，不曾游离。

在十年前的 1600 年，你还可以有理有据地否定哥白尼，并继续认为地球是宇宙的中心，而太阳和其他行星都围绕地球转动。因为在当时，相反的理论还没有确凿无疑的证据。然而那四颗卫星一旦发现，情况就不同了：它们围绕的对象是木星，不是地球。当时对哥白尼的理论有一种反驳，说地球如果围绕太阳转动，月球就不可能跟上地球。然而伽利略的发现却指出了别的行星也可以拥有卫星，就像地球拥有月球一样。如果他的解释没错，那么地球就不再是宇宙的中心。

在我看来，伽利略对木星卫星的观测称得上是现代科学的源头之一。首先，这次观测之前已经有了模型——哥白尼的日心说。伽利略接受了这个模型，因为他认为这给当时的数据提出了最好的解释。接着，他开始寻找更多证据以证明这个模型的对错。最后他找到了证据，也意识到了自己的发现对于那个模型的意义。作为史上第一位光学天文学家，伽利略显然是个天才，但他的主张还是需要观察来证明或是推翻，而他已经有了合适的观察工具。

显微镜同样是 17 世纪早期的荷兰镜片师发明的，但当时还没有一种可供检验的微生物模型，于是显微镜成为了一件稀奇的玩具、一扇通向肉眼看不见的世界的窗户。这种仪器的第一位普及者是罗伯特·胡克，他在 1665 年出版了《显微图集》（*Micrographia*）一书，畅销欧洲。在书中，胡克收录了自己绘制的七十五幅插图，将他在显微镜中看见的妙趣一一呈现，包括一只苍蝇的眼睛和一只跳蚤的解剖结构。他还在显微镜下观察了一只木头瓶塞，并指出它是由更小的结构组成的，他把那些结构称为“细胞”。正如历史学家丹尼尔·布尔斯廷（Daniel Boorstin）所说，胡克用一则声明奏响了一个新时代的基调：“……自然科学向来只是大脑和想象的研究，这种局面已经持续了太久，现在它应该回归本源，回到对物质，对显而易见的对象的朴实、可靠的观察。”话虽如此，显微镜却仍然只是一件玩具，没有用处，也没有目的。

胡克是一位杰出的人物，他的名声本该更加显赫，却无奈消失在了牛顿的光环之中。在阅读牛顿的《自然哲学的数学原理》之后，他宣称重力的反平方律是牛顿从他这里偷去的。他的确在牛顿之外独立发现了这条定律，甚至还想到了物体坠向地面和地球坠向太阳属于同一种运动，但是他缺乏牛顿那种惊世骇俗的数学天才，没能从这些假设中推出开普勒的行星运动定律。说到吵架，牛顿也不是等闲之辈，这一点从他和莱布尼茨关于谁发明了微积分的争论中可见一斑。他立刻从《原理》中删除了提到胡克的所有文字，还与胡克的雇主皇家学会一刀两断。直到 1703 年胡克逝世，他才同意出任学会主席。在那之后，学会里悬挂的那幅胡克肖像就神秘失踪了。

下面该说说温度计了。对热的研究始于公元 1600 年之前，早在公元前 2 世纪，拜占庭的费隆（Philo）就思考了气体的膨胀和收缩。在那之后两百年，亚历山大的希罗（Hero）又写了一本名叫《气体力学》（*Pneumatics*）的书，它在文艺复兴时代被译成拉丁文，重新引起了读者的兴趣，在意大利再版了好几次。1594 年，伽利略读到了它。希罗的一个实验里用到了一种叫"测温器"（thermoscope）的装置，能够显示一种气体在加热或冷却时的变化。比如在一个封闭的容器中充满空气，并在空气上面放水，当容器加热，气体就会膨胀，推动水位上升。这类现象和温度有着某种联系，但是未必和温度的测量有关。

有一件事说来啼笑皆非：伽利略没有发明望远镜，却有许多人将望远镜归功于他；也常有人说他发明了温度计，其实他很少使用温度计，即便使用也是为了无关紧要的目的。和伽利略一同"发明"温度计的至少还有三个人，这大概是因为，和望远镜一样，在温度计的发明中，也有好几个人同时提出了多少有些相同的创意。

在这四位可能的发明者中，有两位来自阿尔卑斯山以北，另两位来自意大利。北边的两位发明家，一位是威尔士人罗伯特·弗拉德（Robert Fludd），他居于牛津，在那里获得了一个医学学位。弗拉德曾在牛津大学的博德利图书馆读到过一份 13 世纪的手稿，其中描述了希罗的测温器，他可能就是在那之后制作了一部类似温度计的装置。另一位北方的发明家是荷兰人科尔内留斯·德雷贝尔（Cornelius Drebbel），他从荷兰迁居英国，受雇于詹姆士一世，做了份类似宫廷发明家的工作。为了在盛夏时节给威斯敏斯特大教堂降温，他制作了好几种装置，其中可能就有一部温度计。

两位意大利发明家，有一位当然就是伽利略，另一位是他的朋友，名叫桑托里奥。这位桑托里奥·桑托里奥（Santorio Santorio）比伽利略年长三岁，1561 年生于威尼斯的一个富裕家庭，按照当时的风俗，家里给他起了和姓氏一样的名字。他在附近的帕多瓦学习哲学和医学，然后回到威尼斯行医。当时的威尼斯已经从巅峰开始慢慢衰落，不再是地中海上的一方霸主、通向东方的贸易门户了，但它依然是一座文化与艺术的重镇，不远处的帕多瓦坐落着威尼斯共和国的优秀大学。威尼斯与教皇国距离较远，且怀有敌意，因此和意大利的其他地区相比，威尼斯及其周边在学术上更为自由——当伽利略离开帕多瓦前往佛罗伦萨之后，他对这一点有了痛切的体会。

桑托里奥先是想到了将体液医学量化。他要继承盖伦在一千五百年前提出的那一套冷热、干湿、胆汁和黏液的概念，并为它们赋予新时代的含义。盖伦的观点在一千五百年中被奉为真理，但是从来没有人像开普勒演绎行星运动定律那样，对它们进行过严格的检验。桑托里奥打算用新式的科学仪器将体液医学改造成一门科学。他在自己身上试验，小心翼翼地称量了自己在进食、饮水、睡眠和锻炼前后的体重。他记下自己摄入和排泄的质量，并将两者的差异归结为"无从察觉的汗水"。他还把自己的体温变化写进了日记。

桑托里奥的《静态医学医疗术》（*Ars de Medicina Statica*）初版于 1612 年，后来翻译成多国文字，在欧洲广为流传。在后来一百多年里，人们一直将它看作是现代医学的两大支柱之一——另一根支柱是哈维关于血液循环的著作。我们现在知道，哈维关于血流的洞见十分高明，而桑托里奥关于体液的观点就不怎么高明了。我在上一章写到，今天的医院仍在定期记录病人的体温和脉搏，但它们已经不再表示体液的失衡了。不过桑托里奥的观点虽然有其缺陷，他的方法却称得上巧妙。比如，伽利略曾指出长度固定的钟摆会以固定的周期摆动，桑托里奥利用这个发现，通过调节钟摆的长度使它的周期和病人的脉搏一致，然后以此为基准测量病人的心律变化。

桑托里奥尝试"用科学方法"证明体液医学的计划终究失败了，但是在这个过程中，他却为代谢活动的研究奠定了基础。他制作了一台测温器，原理和一千五百多年前希罗的描写相仿，他还在上面制作了刻度，以测量病人的体温与正常体温的差值。一台带有刻度的测温器，其实就是一部温度计了，它能以一个定点为基准，并用定量的方式测量温度的变化。做出这部装置，桑托里奥应该记上一功；而且以任何标准来看，他都是系统测量人体温度的第一人。

与此同时，伽利略的传记作者维维安尼（Viviani）也宣称，温度计是伽利略早年在帕多瓦居住时发明的，时间在 1592 年到 1597 年之间。他写道："他就是在那段时间发明了温度计，这种仪器用玻璃制成，内部填充了水和空气，能用来测量冷热的变化。"照我的猜想，伽利略在 1594 年阅读希罗的《气体力学》之后，的确制作过一台测温器，他也肯定改善了希罗的设计，就像他改善望远镜一样。他还很可能在那台测温器上画了刻度。1613 年，正在试验温度计的朋友萨格雷多（Sagredo）给伽利略写了一封信，信中也提到了温度计是他的发明。

虽然数字温度计在近些年大行其道，但伽利略时代诞生的现代温度计却仍在使用，它在玻璃管内封存一段液体，外面标有刻度。最常用的液体是汞，它在 1700 年就已启用，那之前用的则是酒精、各种烈酒甚至是清水，有的彩色，有的透明。这个管道状的设计大概是 1640 年左右在佛罗伦萨问世的。它的发明者一般认为是托斯卡纳大公斐迪南二世，伽利略的《关于两个世界体系的对话》就是献给他的。伽利略1642 年在佛罗伦萨逝世时，大公还将他誉为"我们这个时代最灿烂的光"。他本想在埋葬伟人的圣十字大教堂为伽利略修一座大理石陵墓，

这幅壁画描绘了实验科学院在 17 世纪的一次会议

但教皇乌尔班八世否决了这个想法，说这会触犯教皇的权威。

伽利略虽然受到了宗教裁判所的压制，但佛罗伦萨却依然出现了一个活跃的科学集团，这一方面是因为美第奇家族①的慷慨援助，另一方面也是因为伽利略的几位门徒贡献了力量，其中包括卡瓦列里（Cavalieri）、维维安尼（Viviani）以及气压计的发明者托里拆利（Torricelli）。1657 年，九名佛罗伦萨人组成了一个学会，名叫"实验科学院"（Accademia del Cimento）。它的成员遵从伽利略的教诲，自己制作设备，自己开展实验，以此追求新知。十年之后，他们将研究成果汇集成了一本《实验科学院自然实验报告》（*Saggi di naturali esperienze fatte nell' Accademia del Cimento*）出版。第一篇报告题为《如何用仪器揭示由冷热造成的空气变化》，其中详细介绍了温度计的制作，还描述了吹玻璃工是如何制作温度计末端的玻璃球的。

---

① 美第奇家族，文艺复兴时期佛罗伦萨的著名豪族，曾资助大量艺术创作与科学研究。——译者

这批早期的温度计今天仍可以在佛罗伦萨的科学史博物馆①看到，其中的一些格外美丽。它们的玻璃外壳吹制成了不同的形态，有管状、螺旋状，甚至还有精美的动物形状。它们都遵循同样的原理：温度上升，封存的液体就会膨胀。膨胀由精确的刻度记录，也可以由温度计中的一只只自由移动的小球标识，这些小球的密度各不相同，而且对于温度变化时液体的密度变化十分敏感。

可惜的是，实验科学院在 1667 年被迫解散，距创立不过十年。现在看来，学院之所以解散，当是它的赞助者莱奥波尔多·德·美第奇出

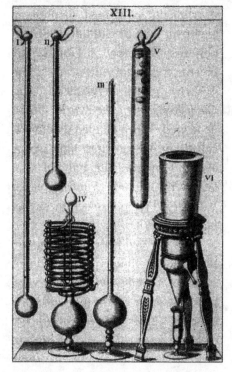

由实验科学院制作的几部早期温度计和一部湿度计

①　科学史博物馆已更名为"伽利略博物馆"。——译者

任红衣主教之故。此前伽利略因为维护哥白尼的日心说受到天主教会的审判，已经是对科学界的沉重打击；现在实验科学院再一解散，更使得自由的科学探索在意大利境内就此凋零。这次衰落当然也有别的原因，比如意大利当时分裂成许多更小的城邦，但如果科学院能够继续繁荣，那么科学的历史或许就会改写。

在这之后，温度计经历了有趣的历史，但是它对科学已经没有多少新的贡献了。胡克制作了几部温度计，牛顿也是。1701年，牛顿提出用亚麻籽油作为温度计内的液体，还引入了0到12的刻度。他将"压紧的雪融化的温度"定为0度，将"温度计与人体接触后获得的最大热量"定为12度。牛顿一向行事机密，这次甚至没有透露自己是这部仪器的作者，在其他人猜到之后，他才终于承认。

几年之后，一个名叫奥勒·罗默（Ole Romer）的丹麦人（他最出名的成就是测量了光速）提出，用冰的熔点和水的沸点作为刻度更加合理。他将两者的温度分别定为7.5度和60度。一个名叫丹尼尔·加布里埃尔·华伦海特（Daniel Gabriel Fahrenheit）的仪器制造商拜访了罗默，他吸收了罗默的想法，并重新设定了这两个刻度，它们现在分别是华氏32度和212度（即摄氏0度和100度）。这两个数字看起来实在有些随意，大概是因为华伦海特用水、冰和盐的混合物定义了0度，又用人体的大致温度定义了100度。华氏温标在英国与荷兰流行开来，但是大多数国家并未接受，它们虽然也将水的冰点和沸点作为标准，但采用的却是摄氏温标。这个温标由安德斯·摄尔修斯（Anders Celsius）提出，和华氏温标相比，它更符合法国大革命之后采用的公制，也就是十进位的度量单位。

度量的意义，只有在了解了度量的对象之后才会显现出来——换句话说，度量需要目的。我们都知道长度为0、时间为0是什么意思，那么温度为0又代表了什么呢？虽然我们很容易分辨两个物体的冷热（至少在神经的感受范围之内），但是长度和时间都具有我们能够直观把握的绝对度量，温度却似乎没有。当研究者开始用"科学"的方法衡量温度时，我们自然要问一问他们衡量的究竟是什么。要回答这个问题，就需要对热有更深的理解。

来自麻省的伯爵

罗伯特·波义耳，第一任柯克伯爵的第十四个孩子，正是他的一组实验将热量、温度和能量首次联系了一起。1650年代，波义耳定居牛津，当时实验科学刚刚在英国站稳脚跟。手头富裕的波义耳做起了实验，并且和一群志同道合的人讨论结果。1663年，这群人组成了"增进自然知识伦敦皇家学会"，也就是今天的皇家学会。在波义耳的保举之下，学会雇用了一个年轻人担任实验主管，职责是协助会员开展实验，并协助他们在学会的例会上展示成果。波义耳选中的就是时年二十七岁的罗伯特·胡克，他曾经协助波义耳制作了好几种真空泵。和意大利的实验科学院不同，皇家学会到今天仍欣欣向荣。

波义耳的实验显示，当温度恒定，一团气体受到的压力与它的体积成反比，一个上升，一个就下降，但两者的乘积始终不变。而当温度上升时，气体的体积也会增大，这说明气体的温度和压力、体积都有些关系。大约一百年后，一个名叫雅克·查理的法国人更进一步，指出在压力不变的情况下，一只气球内部的气体体积和它的温度成正比。也就是说，气体的体积会随着温度的升降而升降。

1802年，约翰·道尔顿和约瑟夫·路易·盖-吕萨克得出了一个非常有趣的结论（盖-吕萨克还在无意中发现了雅克·查理那部没有出版也少有人知的著作，并且为他争到了荣誉）。两人发现，一旦将压力固定，那么在摄氏0度左右时，温度每升高1摄氏度，所有气体的体积都会增加原来的 1/273；而温度每降低 1 摄氏度，气体的体积又会减少原来的 1/273。比如在摄氏 10 度时，气体体积会变为原来的 283/273；而在摄氏零下 10 度时，它又会变为原来的 263/273。总之，气温每变动 1 度，气体的体积就会变化 1/273。

盖-吕萨克将这个发现推而广之，他发现在体积固定的时候，温度每变动 1 摄氏度，作用在容器外壁上的气体压力就会变动 1/273 倍。这实在是令人费解。气体的压力、体积和温度的关系，似乎并不取决于气体的种类，仿佛一切气体之间，都有一种深层的联系。盖-吕萨克发现，这并不是某几种气体的特殊性质，也和在哪里实验并不相干。作为研究者，他在细心之余也够大胆：1804 年 9 月，他乘着热气球飞到 23 000 英尺（约 7 010 米）的空中。随着气球的升降，他在各个高度上采集了气体样本、记录它们的温度。他的公式始终有效。

如果查理、道尔顿和盖-吕萨克的计算是正确的，那就会引出一个惊人的结论：如果在压力不变的情况下，温度每降 1 度，气体体积就下降 1/273 倍，那么到了摄氏零下 273 度，它的体积就会缩小到 0。如果体积不变，压力也会经历相同的变化。压力和体积都是正数，0 是它们可能达到的最小值。也就是说，气体的体积和压力的下降，最多持续到摄氏零下 273 度。那是刻度的终点，是气体的最低温度，是名副其实的"绝对零度"。

就我所知，这是绝对零度的概念第一次进入科学。而且了不起的是，这个概念是完全正确的，就连 –273 度都是正确的值（严格来说应该是 –273.16 度，但是这就别挑刺了）。然而，当时参与研究的科学家，一个也没有看出 –273 这个数字中的特别意义。将温度推演到这个数值确实精彩，也的确指出了不同气体的共同性质，但是在他们看来，任何气体在达到这个温度之前早就液化了，所以这个绝对零度并不值得深究。

到这里，事情似乎走进了僵局。要对温度的意义再作深究，就必须更好地理解热量的本质：热量是不是一种独立的性质？在一场一直延续到 19 世纪的辩论里，许多人都认为热量是可燃物中的一种元素，会在燃烧时释放到空气中，他们将它称为"燃素"。1800 年，当拉瓦锡用实验证明热量没有重量之后，它又获得了"热质"（caloric）的称号。此外另有一派思想，当时得到了牛顿的支持，和现在的观点也比较接近，它认为热量的产生是由于物体成分的运动，至于是什么成分在运动，在当时还是个谜。

有些研究成果显然与热质说并不相符。在 1807 年的一个气体实验中，盖-吕萨克使用了一个大型容器，他在容器中间隔了一块挡板，然后在半边注入气体，另半边抽成真空。将挡板迅速抽出，气体很快充满了整个容器。热质说认为，温度是热质浓度的表征，那么抽出挡板后，容器内的温度理应下降，因为热质的总量没有改变，但是扩散到了更大的空间中，浓度下降了。然而盖-吕萨克发现，容器内的气体温度并未变化。热质论的支持者解释说，这肯定是因为热质在气体的扩散中发生了损毁或是变化。

越来越多的证据表明，热量和机械能之间有着某种联系，机械能的消耗似乎就会产生热量。在两者之间建立确切关联并提出所谓"热功当量"的，一般认为是一位伦福德伯爵，他曾经撰写了《受摩擦激励的热源的一份调查》（An Inquiry Concerning the Source of the Heat Which is Excited by Friction），刊登在 1798 年的《皇家学会会刊》上。

伦福德伯爵，1753 年生于美国麻省的沃本，教名本杰明·汤普森，他的一生，和一般伯爵有些不太相同。他在十九岁时娶了新罕布什尔的一名三十三岁的妇女，对方是个富裕的寡妇，前夫是新罕布什尔民兵队的一名上校。新罕布什尔州的州长对这桩婚事十分赞许，他迅速将年轻的汤普森任命为民兵队的少校，使两人能够门当户对。北美独立战争打响之后，支持英军的汤普森抛下妻子女儿，独自移居伦敦，并最终成为了主管殖民地事务的政务次官。他在参政之余从事科学研究，不过最初的研究都是为了迎合英国陆军的需要。他因为研究炸药而入选皇家学会，还因为多项其他发明而为人所知，包括几种新型炉子、双层蒸锅以及滴漏咖啡机。

在受到英王乔治三世的册封之后，三十一岁的汤普森又跑去欧洲大陆谋求出路。巴伐利亚选侯给了他一份诱人的工作，于是他在慕尼黑住了下来。他将瓦特的蒸汽机引入巴伐利亚，还规划了慕尼黑的"英国花园"公园。后来他被授予神圣罗马帝国伦福德伯爵的头衔，以感谢他改组军队及公务员系统的贡献（汤普森的事业是在新罕布什尔的康科德起步的，那里的原名叫"伦福德"，所以他才选择了这个名号）。伦福德后来搬回英国，此时他的身份已经是巴伐利亚驻英国的全权公使了。然而乔治三世并不认可自己的臣民兼任外国公使一职。伦福德一怒之下离开英国，来到了正与英国交战的法国定居。起初他备受礼遇，甚至娶了大化学家拉瓦锡的遗孀，而拉瓦锡已经在法国大革命中被处决了。不过到头来，伦福德还是没管住自己爱吵架的性子，到 1814 年去世的时候，他已经和所有人都闹翻了。

我们今天还记得这位传奇人物，主要是因为他在巴伐利亚期间所做的一组实验。在改善当地的军备时，刚刚获得头衔的伦福德伯爵思索起了在加工加农炮的炮膛时产生的热量。他意识到加工产生的碎屑和原来的金属具有相同的热性质：无论是金属碎屑还是完整的金属块，要使它们升高 1 度，所需的热量是一样的。显然金属并没有变化。那么那些热量又是哪来的呢？伦福德认为，这些热量一定是来自钻孔过程中所做的功。在他看来，热量并不像拉瓦锡主张的那样是一种无法销毁的热质，而是一种会产生和消失的东西。机械能可以产生热量，热量也可以产生机械能。

伦福德的认识是正确的：并没有什么独立自存的热质，热量确实和物体的运动或者内部振动有关。他用钟作比喻：热量就像钟声，低温好比较低的音符，高温则是较高的音符。温度只是钟声的频率。高温物体在敲击时会发出"热线"，低温物体则在敲击时发出"冷线"——这个观点可以追溯到普鲁塔克（Plutarch）[1] 的《冷的原理》 （De Primo Frigido）。热量不会耗尽，就像钟不会因为敲击而消失。冷是独立的实体，而不仅仅是热的缺乏。

伦福德还用声音作比喻，向日内瓦的同行拉乌尔-皮埃尔·皮克泰（Raoul-Pierre Pictet）讲解了自己的实验："冰块在瓶子里的缓慢振动使温度计唱出了一声低音。"在他看来，两个不同温度的物体之所以能够达到热平衡，是因为热物体吸收了冷物体发出的冷线，冷物体也吸收了热物体发出的热线。他甚至认为，北方气候带的人肤色较白而热带的居民肤色较黑，也是因为白色反射冷线，而黑色反射热线。他对这条原理身体力行，在冬天只穿白色衣服。

即使在伦福德用实验展示了热功当量之后，对热量的理解也还有很长的路要走。我们讲授科学时往往将它描绘成一场胜利的进军，精彩的结果接二连三地出现。这样的教育风格常常受到历史学家和科学社会学家的批评，但是我们这些科学教师也有我们的苦衷：要教的东西那么多，手里的时间又这么少，权衡之下，只能走最简单的路了。我也常常希望能对学生多说几句，让他们了解科学史上的人们是如何苦苦摸索，在研究途中又是如何容易走上歧路的，这一定很有启发。哈维因为发现了血液循环而名垂青史，桑托里奥却已经被人忘却。伦福德被人记住是因为算出了热功当量，并且将热量和物体成分的运动联系了起来，但我们只要略加深究，就会发现他的研究其实并不那么牢靠。

---

① 普鲁塔克，希腊作家。——译者

蒸汽动力

在理论上，关于热量本质的争论仍在继续；而在实践上，机械能和热能的关系已经通过蒸汽机的发明为工业革命拉开了序幕。蒸汽机最初由托马斯·纽科门（Thomas Newcomen）在 1712 年发明，后来又先后得到了几个英国人的改进，它们改变了制造的本质，也革新了商品的运输。

在 18 世纪初，英格兰的曼彻斯特只有不到一万居民，到了 1769 年，当詹姆斯·瓦特为第一台高效的蒸汽机申请专利时，它也依然只是个小城。但是没过多久，它却跻身世界都市之流，成为了一个行业中枢，美洲生产的棉花经利物浦运到这里，纺成成衣，再装上蒸汽船送到世界各地。在 18 世纪的后四十年里，曼彻斯特的人口翻了三倍，到 19 世纪的前四十年，它的人口又翻了三倍。

曼彻斯特的兴起，部分是因为历史的意外——它的有利位置和合理规划恰好在这时候成就了它。另一部分原因，则是城里信奉的主流教派是在剑桥和牛津遭到禁止的神体一位论。1792 年，曼彻斯特学院开张，向年轻学子传授大量科学，这对当时注重经典的正统教育不啻是一种反叛。教育上的变化将学生导向实际，而这又正好迎合了工业革命的发展。曼彻斯特对科术的推崇固然与它原本注重实际的风气有关，但另一方面，这也是因为曼城意识到了自身的发展和繁荣与技术创新有直接的关系。

曼彻斯特培养出的第一位大科学家是约翰·道尔顿，他是原子理论的创始人，也是气体膨胀规律的发现者之一。曼城在 1781 年成立了"曼彻斯特文化与哲学学会"，道尔顿自 1817 年起担任学会主席。这里的居民或许对原子理论的细节并不了解，但他们知道蒸汽机和工厂对自己的生活有多么重要，也明白这里头有道尔顿的功劳。1844 年道尔顿逝世，送葬的行列包括了一百辆马车，从头到尾延绵了四分之三英里（约 1.2 公里）。道尔顿的灵柩在市政厅安放，有四万名悼念者前来瞻仰。

物理学家弗里曼·戴森（Freeman Dyson）写过一篇名叫《曼彻斯特和雅典》（Manchester and Athens）的文章，探讨了曼彻斯特开创的研究风格。他的这个标题借用了英国前首相本杰明·迪斯雷利（Benjamin Disraeli）写过的一部小说，其中的主人公说道："曼彻斯特对人类的贡献和雅典相当。"这份贡献主要源于曼城人民掌握的一个概念，那就是蒸汽机将会改变商贸的本质，正如一百年后的电力以及两百年后的电脑一样。

虽然英国在蒸汽机的开发上一路领先，但是第一个掌握了它的简单原理并表述出来的，却是法国人萨迪·卡诺（Sadi Carnot）。在这个过程中，他还提出了一个定律，那就是后来的"热力学第二定律"。卡诺早年学习工程，1815 年拿破仑倒台之后法国国势衰弱，令他十分担忧。卡诺出身显赫，他的家族向来对政治和科学怀有强烈兴趣。他的父亲曾担任拿破仑的战争部长，他的弟弟也是著名的政治家，他的侄子更是在1887 年至 1894 年做过法国总统。

卡诺明白，英法两国的地位升降并不仅仅是滑铁卢战役的后果。另一个原因是法国缺少像曼彻斯特这样的城市。他曾这样说道：

我们知道，铁和热是机械工艺的支柱与根基。在英国，我怀疑没有一处工业设施的存在不仰仗这两样东西，也没有一家工厂不在随意运用它们。英国要是没有了蒸汽机，它也就没有了煤和铁。它的财富之源将会枯竭，它的繁荣之本将会毁坏，一句话，它的巨大力量将被整个消灭。相比之下，它要是没有了自视为最强防御的海军，其后果倒未必有这么严重。

1824 年，二十八岁的卡诺开始研究蒸汽机。他意识到蒸汽机可以看作是一种循环作用的引擎：将水烧开，化作蒸汽，然后送入汽缸，推动活塞。活塞走完一程，回到原处，此时蒸汽冷却，凝结成水，然后回到锅炉，重启循环。

卡诺主张，蒸汽机好比是一架由落水驱动滚轮的水车。水的落差越大，做功的速率就越大——简单地说，也就是水车转动得越快。有一天他灵光一现，想到一台蒸汽机的做功速率，只取决于热量的来源和去向，也就是锅炉与冷凝器之间的温差。这个温差就相当于水车中流水下落的高度差。

卡诺并没有完全理解一台蒸汽机的根本原理，他的类比也不算全面。比如，他认为热量是无法消灭的，是一种始终守恒的热质，所以蒸汽机吸收的热量和释放的热量必然相等。这自然与他心中的水车模型相吻合。你可能要问，伦福德已经在实验中将机械能转化成了热能，这不就证明"热质"这东西并不存在了吗？但是在热质说的拥护者看来，伦福德的成果却反倒证明了他们的观点。按照他们的解释，伦福德的实验说明摩擦力从物体中挤出了热质，由此产生了热量。

卡诺在三十六岁时不幸逝世（死于霍乱），在那之后不久，越来越多的人开始认识到热质并不存在：热只是能量的诸多形式之一，在一个封闭的系统内，能量的各种形式是守恒的。这个认识后来被称为"热力学第一定律"。以一台蒸汽机为例，锅炉吸收的热量与冷凝器排放的热量并不相等，两者的差值，就是一台理想的蒸汽机所做的功。

第一个证明了热力学第一定律的"现代"实验，是由道尔顿的一名年轻而谦虚的学生做出的，他名叫詹姆斯·焦耳。焦耳在曼彻斯特的务实氛围中接受了教育，也认为实验胜于先入为主的观念。他对这个课题的第一步研究，是证明了导线中的电流可以产生热量；这说明电和热彼此相关。有的人或许会说，这是因为电流从导线中挤出了热质，但焦耳并不这么认为。

焦耳接着又对伦福德的实验做了改进。他制作了一台小型搅拌机，它的叶片浸在一只烧杯里，上部连着一根垂直的棒子。这根棒子经由滑轮和一块重物相连，重物下坠，就会牵动叶片，将水搅动，同时又不会对水造成任何改变。焦耳在烧杯里插了一根非常精确的温度计，以此来计算重物坠落时的势能改变在水中产生了多少热量。他将叶片浸入不同的流体，重复实验，产生的热量始终相同。这个结果，至少在焦耳看来，证明了能量是守恒的，也证明了热质是不存在的。

1847 年，焦耳在一场讲座中介绍了自己的测量，听众中有一个年轻的苏格兰人，名叫威廉·汤姆森。汤姆森是一名天才，二十三岁就在

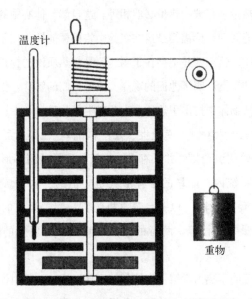

图中显示的是詹姆斯·焦耳用来确定热功当量的装置

格拉斯哥做了大学教授，他博览群书，也了解科学的进展。焦耳的说法使他困惑，因为这似乎和卡诺的观点背道而驰。这些观点在当时的英国还不为人知，但是汤姆森曾在巴黎求学，他了解卡诺的观点，并且向焦耳作了介绍。两人就此结下一段友谊，并开始合作研究热机，以确定到底哪个是正确的观点。

汤姆森和卡诺一样，认为在蒸汽机的一轮循环中，它吸收的热量和释放的热量是相等的。在几次讨论之后，焦耳说服了他这个观点是错的。但是两人都同意卡诺的观点在根本上是正确的：蒸汽机在一轮循环中所做的功除以输入的热量，其结果只取决于锅炉和冷凝器的温度。把焦耳的结果与卡诺的概念相结合，就会发现一台典型蒸汽机的效率（输出的功除以输入的热量）要小于 1（即 100%），它与 1 之间的差值可以用两种方式表述，一是冷凝器输出的热量除以锅炉输入的热量，二是冷凝器的温度除以锅炉的温度。卡诺说蒸汽机的效率取决于温度差，这一点是正确的。

当然，这里温度要用正确的度量表示。道尔顿和盖-吕萨克的实验已经提示了正确的度量，那就是将摄氏零下 273 度作为真正的零度。在这个绝对量表里，摄氏 0 度是 273 度，水的沸点则是 373 度。一台理想的循环热机，如果锅炉是摄氏 100 度、冷凝器是摄氏 7 度，那么它的效率就是 1 减去 280/373，其中 280 是冷凝器的绝对温度，由 273 加 7 得出，373 则是锅炉的绝对温度。

只有在一种情况下，热机的效率才会达到 100%。那就是机器将热能完全转化为机械能，它的冷凝器达到绝度零度。从原理上说，所有能量都是平等的，但实际上，有些能量却比别的更平等。机械能转化为热能，效率可以达到 100%；但是热能要完全转化为机械能，冷凝器就必须达到绝对零度。当然，绝对零度已经是最低的温度，因此热机的效率绝对不可能超过 100%。

具体来说，加大锅炉和冷凝器之间的温度差，就能提高一台蒸汽机的效率。你也许认为锅炉的温度只能是绝对 373 度，因为那是水滚沸成蒸汽的温度，但是压力能够提高水的沸点。詹姆斯·瓦特就明白这一点。他的蒸汽机有一项改进，那就是在高压下产生蒸汽。

今天，能量的单位是"焦耳"，电线中产生的热量称为"焦耳热"，但是将摄氏 0 度表示为 273 度的绝对温标则被叫做"开氏温标"。开氏是谁？就是威廉·汤姆森。在度过漫长的生涯之后，在科学与公务领域均有显赫成就的他终于得到了皇家的认可，他在 1892 年成为了一名贵族，封号"开尔文男爵"。

热力学的三条定律

热是什么？热能和其他能量是什么关系？它通过什么途径传递？它和温度的关系又是什么？这些问题在 19 世纪得到了热切的研究。这门宽泛的学问，在当时和现在都称为"热力学"。当时的许多科学家都尝试将主张建立在确定的公理之上，他们希望清晰的表述能够将研究中的含混之处彻底清除。他们的一些辩题显得相当陈旧，但是这番努力却引出了不少有趣的新观念。无论他们的主张多么复杂，热力学的基础向来是简单的，那就是热力学第一定律和第二定律。此外也有一条比较模糊的第三定律，偶尔被拿来凑数用。

简单来说，热力学第一定律认为，热是能量的一种形式，而且能量作为整体是守恒的。热力学第二定律认为，一台将热能完全转化成机械能、效率达到 100% 的机器是不可能造出的。这门学问之所以显得如此复杂（至少从历史角度来看是如此），部分原因是卡诺先发现了第二定律的主要部分，接着人们才理解了第一定律。然而从教学的角度看，先发现的那条却应该叫做第二，后发现的叫第一，因为这才是科学演进的逻辑；虽然它们实际发现的顺序和这个逻辑正好相反。

在这之前，许多科学家都思考过能量守恒的问题，但是确定无疑地证明第一定律，还要等到焦耳的实验，同时代还有一位才华横溢的学者也独立开展了实验，那就是德国的赫尔曼·冯·亥姆霍兹。不过在评定功劳的时候，出于一些复杂的原因，还要把另一位尤利乌斯·迈尔（Julius Mayer）给算进去。这位迈尔年轻时在热带的一艘船上做医生，他发现热带病人的静脉血要比北方病人的红。他由此开始思索氧化的问题，并最终想到了身体制造的能量和释放的热量之间的关系。他接着提出了一套和热力学第一定律相仿的说法，其中充满形而上学术语，即便在那个时代也常常遭人嘲笑。

我在前面说过，对热力学两大定律的理解和表达引出了一些有趣的概念。其中影响最深远的莫过于"熵"，那是 19 世纪中期的另一位德国科学家鲁道夫·克劳修斯（Rudolf Clausius）提出的。克劳修斯想知道，为什么在一定意义上，机械能是比热能更"高级"的能量形式？为什么机械能可以 100% 转化成热能，而反过来却不可以？为了解答这些问题，他把一个过程的可逆与否和一个系统的有序程度联系了起来。假定有两只盒子装着数量相同的能，一只的内部处于有序状态，另一只的内部处于无序状态，那么能量的转化就只能是从有序到无序，反过来是不可能的。在克劳修斯看来，机械能是比较有序的：一个滚下山坡的物体会因为摩擦而停下，但摩擦中产生的热能却不能用来将物体重新推回山顶。

克劳修斯把熵在热力学中的应用总结成了两条不同凡响的定律，在当时产生了巨大的影响。它们是（1）第一定律：宇宙的总能量是恒定的；（2）第二定律：宇宙的熵会趋向最大。这第二条定律也可以表述成"总体的无序始终增加"。后来赫尔曼·能斯特（Hermann Nernst）更进一步，提出了所谓的"能斯特定律"，有时也称作"热力学第三定律"，它认为一个物体的温度降到绝对零度时，它的熵也会变成零。绝对零度的状态就是绝对有序的状态。

我们来回顾一下盖-吕萨克的气体实验，再结合 1850 年代晚期从分子运动研究中得到的灵感，三条定律的意义就会显露出来了。1857 年，克劳修斯写了一篇影响很大的论文，题为《我们称为热量的那种运动》（The Kind of Motion We Call Heat），将平均分子运动与热学性质联系了起来。两年之后，詹姆斯·克拉克·麦克斯韦又用新颖的统计学思路对这个问题开展了研究。麦克斯韦大概是 19 世纪最有才华的理论物理学家，1855 年在剑桥大学修读本科的时候，他就已经证明土星光环不可能是一整块液体或固体。这些光环稳定不变，说明它们是由许多相互作用的微小颗粒构成的。1859 年，麦克斯韦将这种统计推理的方法运用到了对气体分子的一般分析当中。他问道：当气体分子在容器内部运动，一边互相撞击，一边和容器内壁撞击，它们的运动会是什么样的呢？一个大小适中、压力和温度正常的容器，必然装着亿万个气体分子。其中任何一个分子的速度都是不断变动的，因为它时刻都在与其他分子碰撞。因此值得研究的应该是分子的平均速度，以及速度在平均值周围的分布。

麦克斯韦设想了一个盛放不同气体的容器，他意识到在分子数目相对于分子速度的图表中应该有一个峰值。换言之，大多数分子的速度都位于一个特定数值左右的小范围之内。不同的气体分子，平均速度也不相同，但是所有分子的平均动能（分子的质量乘以速度的平方再除以二）却几乎是相同的。在一个达到了热平衡的容器内部，所有气体的温度也是相同的。我们再进一步，将温度设想成分子平均动能的表征，然后看看如何从这一点出发，澄清绝对零度的意义。

绝对零度不再是一个谜。动能永远是正数。而正数的平均值也必然是正数，因此这个平均值的最小数值为零，要达到这个值，所有分子的

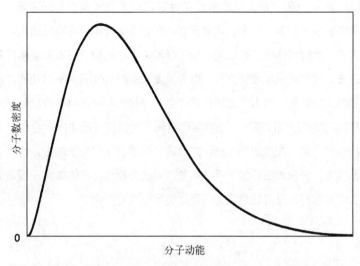

热平衡下分子数密度随分子动能变化图。当绝对温度改变，曲线的峰值也会移动。

动能就必须为零。一连串零的平均数也是零。如果我们用摄氏度来测量一团气体，那么当每一个分子都在休息，所有分子的动能都为零时，气体的温度就是摄氏零下 273 度。绝对零度，也就是所有分子都处于绝对休息的状态。就这样，温度和分子动能的平均数连上了！说到底，这并不是一件简单的事：使得每一个分子都停下休息，这是现代物理学中的一大难题。它在理论和实践上都十分艰巨，会牵扯到量子力学的所有微妙性质，不过这个留到后面再说吧。

　　热力学第一定律的意义十分简单：容器中的热量相当于其中所有分子动能的总和。热能只是描述动能的另一种方式，是对大量分子的微小动能的总结。热力学第一定律，说的就是那股能量的守恒；能量既不会凭空出现，也不会凭空消失。

　　根据波义耳定律、查理定律和盖-吕萨克定律，撞击容器内壁的气体分子会形成压力；容器内温度越高，气体分子的运动越快，形成的压力也就越大。盖-吕萨克的那个旨在否定热质说的实验也很好理解：用隔板将容器一分为二，半边抽成真空，半边留下气体。将隔板抽出，本来囿于半边的气体分子扩散到了整个容器之中，但是它们的平均速度并未改变。气体的温度维持原状，因为温度表示的是分子的平均动能，而不是热质的汇集。热力学的拥趸或许会在想起焦耳—汤姆森效应时感到困惑：一团高压气体通过一个喷嘴逃逸到一个低压环境中时，会令它周围的温度下降。在这个例子里，扩散的气体做功并损失了能量，这才会降低温度，并从周围环境中吸收热量。和这个相比，气体在向一板之隔的真空扩散时并没有能量流失，因此温度也没有变化。

熵与生命

就在麦克斯韦对分子运动做出成功分析之后不久，维也纳的路德维希·玻尔兹曼思考起了如何用这番分析来理解无序和可逆的问题。许多年后，他终于对克劳修斯提出的"熵"概念作出了一番统计学解释，将热力学第二定律的所有深意都发挥了出来。

热量总是从热的地方向冷的地方流动，而不是相反，这个现象可以用分子运动的语言加以表述。在一个容器边上静静等待，任由里面的分子互相撞击，片刻之后，你就能看到结果：原来较快的分子变慢了，原来较慢的分子变快了，相反的事情是不会发生的。也就是说，气体中较热的部分变冷了，而较冷的部分变热了；热平衡达成了。如果在常温下将一块冰放在一只大盒子的一角，冰会溶化。如果在盒子的另一角放一杯热水，它不会结成一块冰。

玻尔兹曼是一个内心敏感、喜怒无常的男人，常常深陷抑郁。在他1906年自杀身亡之后，维也纳人民为他竖起了一块纪念碑。热爱音乐的玻尔兹曼想必会对自己的归宿觉得满意：家乡父老把他葬在了中央公墓，和贝多芬、舒伯特、勃拉姆斯以及施特劳斯为邻。只不过他的墓碑上没有音符，而是用浮雕刻着他的熵公式：$S = k\log W$。其中 S 表示熵，k 是一个常数，今天称为"玻尔兹曼常数"，W 则表示一个系统可能的状态数目。

到今天，熵的概念已经突破物理实验之外，通过各种途径走入了我们的生活。在投骰子时，7 点比 3 点更易出现，因为 7 可以由 6＋1、5＋2和4＋3组成，而 3 只能由 1＋2 组成。也就是说，7 点包含了更多状态、更多投法，它的"熵"更高。再回头看看盖-吕萨克的容器，还记得隔板抽出时，里面的气体是怎么散开来的吗？这团气体的熵增加了，因为其中的分子多了许多可走的路径。气体在散开后退回容器一侧的可能性，随着气体分子数量的增加而急剧趋于零。这样的退缩对应的是熵的减少，意味着分子的运动受到更大的限制。就像用骰子掷出 7 点的方式多于掷出 3 点的方式，一定数目分子填满整个容器的方式，也要多于它们只填满半个容器的方式。

我们究竟能不能将气体分子赶回容器的原来半边？要做到这点，最简单的办法就是在容器的右半边放一个活塞，对它轻轻施力，将气体分推到左边，直到一切恢复原状。然而这里头有一个小小的问题：压缩会加热气体，要让气体分子复原，还要将这部分额外的热量散去才行。那么，如果这部分热量能完全转化为功，并用来推动活塞，我不是就造出了一台不断压缩和释放气体的永动机了吗？但这是不可能的，热能绝不可能全部转化为功。当我将气体推向容器的半边，气体的熵的确是减少了，但是总的来看，活塞、冷却系统和容器的总熵依然是增加的。

玻尔兹曼在概率和信息之间建立的联系，已经远远超出热力学的范围，成为了许多领域的基础，比如现代的信息和通信理论。它也引出了一些有趣的问题：如果真如克劳修斯所说，宇宙的熵值始终上升，一切都在变得无序，那么像生命这么有序的过程，又是怎么产生的呢？遗传信息是如何传递的，这些信息又是如何稳定复制的呢？答案相当巧妙。

生物之所以能维持超乎寻常的秩序，是因为它源源不断地将营养物质中吸收的能量转化成机械能和热能。生物死亡之后，新陈代谢终止，无序和熵也随之迅速增加。要将一个活物拼装出来、维持下去，就必须不断地将营养物质从无序状态转为有序状态，使它们从高熵变成低熵。虽然单个生物的熵减少了，但如果将它和周围的其他个体、其他动植物，乃至海洋和地球一同计算的话，总的熵依然是增加的。生命是可能的，但是克劳修斯也没有错：宇宙的熵的确始终增加。

以正确的角度来看，生命和物理学、化学的基本原理是可以相容的。不仅如此，19 世纪末提出的关于生物系统的新思路，与这个方案更是一拍即合——在大量数字中寻找规律，将精确的性质归结为群体而非个体。法国的分子生物学大家弗朗索瓦·雅各布（François Jacob）曾经雄辩地主张，当科学家对热的本质有了新的洞察，当他们用统计学的眼光看待热运动，当他们认识了高于一切的能量守恒定律，他们对生命的看法也随之改变了："在 19 世纪初，生物靠生命力来完成合成及形态发生的工作；到了 19 世纪末，生物开始消耗能量。"

到 1900 年，科学家已经把"生命力"和"热质"都抛在了脑后。能量成为了关键的概念，包括能量的运用、组织和它的诸多表现形式。染色体和细胞复制成了显微镜下的研究对象，遗传学已经准备好问世了。演化所需的地球寿命和太阳热量所允许的地球寿命之间的矛盾，也即将得到解决。

科学正在经历一系列剧变以容纳新的思想。一幅崭新的长卷正在成型，其中的地球更加古老，它经历过许多个温暖期和冰期，也完全容得下生物演化的漫长历史。各门学科都开始求解这些新的谜题。回顾历史之后，科学家将目光投向前方，开始思考地球在眼前和遥远的将来会是怎样一番景象。它会变得酷热还是寒冷？那时的生命又将会如何？

第三章　读懂地球

2000 年 7 月末，俄罗斯破冰船"亚马尔号"离开位于挪威斯匹次卑尔根的母港，朝北极驶去。船上载了几名科学家，还有一群游客，他们一是要游览北冰洋，二是要在北极点上象征性地站立一次。亚马尔号装备的冰刀能破开 10 英尺（约 3 米）厚的冰层，但是航行途中，大家都惊讶地发现北方只有一片茫茫大海，只是偶尔才有几片薄薄的浮冰。当全球定位系统通知船长已经到达北极点时，船只的四周依然只有海水。那天晴空万里，头顶有象牙鸥掠过，这是人类第一次在这么北的地方看见这种飞鸟。亚马尔号又继续行驶了大约 6 英里（约 9.6 公里），才总算找到了一块足够结实的浮冰、让百来名乘客在"北极点"象征性地站了一回。

亚马尔号的船长去过好几次北极点，他说以前从来没有在那里见过开阔的水面。海洋学家詹姆斯·麦卡锡（James McCarthy）是哈佛大学比较动物学博物馆的馆长，也是亚马尔号上的讲解员。当此情景，他只感到意外和惊惶。他还记得上次来到北极的情形：当时还需要破开厚厚的冰层才能到达极点。

第二次世界大战期间，加拿大皇家骑警计划驾驶他们的轮船"圣洛克号"从阿拉斯加下方的加拿大西岸出发，穿越西北航道前往大西洋。这向来不是一条轻松的航道。许多 19 世纪的探险家都曾在这里困顿，一边望着浮冰挤碎船只，一边在冰冻的营地里等待死亡。圣洛克号也曾在两年的冬季里为浮冰所困，到了夏季才勉强通行，启航之后的第二十七个月，它才终于驶进了大西洋。然而到了 2000 年夏季，一艘名为"圣洛克二号"的新船却只用一个月不到就走完了这条 10 000 英里的水道（约 16 000 公里），中途还停了几次。船长对这次航行作了如下描述："沿途有几座冰山，但是都没有什么好担心的。我们看见了几长条层叠的浮冰，全都小而零碎，完全可以绕行。"

北极地区的暖化是剧烈的。十年之前，行驶到威廉王子湾的游轮还能目睹雄峙在海面上 200 英尺（约 61 米）的哥伦比亚冰川，但是在那之后，它已经后退了超过 16 英里（约 26 公里），昔日冰川覆盖之处，如今已经是开阔的陆地了。阿拉斯加的大片土地曾经永久冰封，现在也已开始消融。失去支撑的路基弯曲变形，数量暴增的甲虫对白云杉森林发起了进攻。到了夏季，费尔班克斯①的气温升到华氏 80 度（约摄氏 27 度）以上，一连几周不退。科学家表示，阿拉斯加、加拿大北部和西伯利亚的平均气温在短时间内上升了至少 5 度，而北极圈内的有些地区更是上升了 10 度。北极熊是北美洲最大的陆地食肉动物，常有人称之为"北极之王"，和二十年前相比，它们的平均体重下降了 10%，本来就短的狩猎季也缩短了三个礼拜。

第一篇报道亚马尔号在北极点遇上开阔水面的文章登上了《纽约时报》头版。关于它后几天行程的报道移到了其他版面，评论也较为谨慎，但是毫无疑问，北冰洋正在变暖。正如亚马尔号的讲解员麦卡锡博士所说："这件事实在反常，我们在两周的行驶中没有一天看见正常的海冰。在极点见到的开阔海面，和我们沿途所见并无什么不同。而这并不是什么短暂的现象。"

北极浮冰的融化令人担忧，但是我们到底应该担忧到什么程度？局

---

① 费尔班克斯，阿拉斯加中部城市。——译者

部和全球的温度变化，有多少是我们可以掌控的？人类在这个变化中起了多大作用？其中有多少又只是自然的温度波动？温度上升会引出什么样的连锁反应？气候变化有多少是可以挽回的？挽回还有多少时间？我们要如何改变资源利用的模式，改变该由谁决定？这些都是复杂的问题，是我们身为地球居民所要承担的最艰巨的任务。它们的答案还不明确，我们现在只能猜测：当我们选择不同的道路，未来将发生什么？

我们先从比较容易确定的说起：亚马尔号观测到的结果，究竟是偶然的现象，还是北极气候变化的真实写照？根据在北极地区巡航的潜水艇的估计，短短几十年间，北冰洋浮冰的厚度已经下降了40%。1990年代，美国海军曾邀请科学家登上鲟鱼级潜艇，在北冰洋水域做了五次巡航，海军还批准他们分析了从冰盖底部传回的声呐信号。1980年代的数据到今天仍是机密，不过华盛顿大学的安德鲁·罗思罗克（Andrew Rothrock）、于彦玲和盖瑞·马伊库特（Gary Maykut）还是收集到了公开发布的声呐数据，它们来自1958年和1976年的潜艇巡航。他们将这些数据和手头的90年代数据作了对比，结果发现海面以下的浮冰厚度已经从平均10英尺（约3米）下降到了平均6英尺（约2米）。这和低空卫星根据冰面上反射的雷达信号算出的结果是相符的。对气候的暖化我们都有切身体会，但它似乎对南北极地区造成了最为沉重的打击，其中的原因还不完全明了，但这个打击是真实存在的。

北极的变暖究竟是局部的气候波动，还是预告了一场席卷全球的剧变？作为对照，我们再来看看南极的情况。显示南极气候剧烈暖化的证据较少，但风险更高，因为南极变暖更有可能对全人类造成影响，即使是那些远离南极的地区也难以幸免。这个风险和亚马尔号的乘客在北极目睹的那片开阔水域有关。北极点被海水覆盖，往往只在海面上有一层浮冰，南极洲却是一块坚冰包裹的大陆。

北极的浮冰本来就在水上，即使融化也不会使海水增加多少，但是南极的冰川一旦融化并从陆上掉进海里，那么全世界的水位就都会上升。这些冰川中最脆弱的是西南极冰盖，它盘踞在地球的最南端，位于大西洋和太平洋的交汇处。这片巨大的冰盖已经有部分浸在水中，由此形成的罗斯冰架封堵着南极大陆上面积更大的冰川。据估计，这块冰架包含了100万平方英里（约259万平方公里）的冰，一旦融化就会在全球造成洪水。到那时，世界上的多数港口将会消失，海平面平均上升约15英尺（约4.5米），孟加拉国整个淹没，荷兰也有灭顶之灾，佛罗里达和路易斯安那的大片陆地都会消失在波涛之中。

要估算这层冰架的移动是相当困难的。由多国组成的政府间气候变化委员会在1995年承认："我们还不知道哪些特定情况会导致南极洲西部的冰川崩溃，在未来的一百到一千年内，这片冰川的整体或局部是否有崩塌的危险，我们还难以做出量化的评估。"西南极冰盖甚至不必全部融化就能酿成天灾，它只要从陆地滑入海洋，排出的海水就会和目前所有位于水下的浮冰体积一样多。尤其可怕的是，可能引起这场灾难的连锁事件已经启动了。最坏的情况是冰盖完全消失，但除此之外，我们还要评估许多别的风险。要做到这一点尤其困难，因为各种风险是互相纠缠的。某一处温度上升，就可能造成气候变动，而这一变动又会在别处引发环境灾难。气温的上升可能大大改变海平面的高低。

全球变暖或全球变冷，这显然是一个复杂的问题，要想妥善地解答，就必须考虑引起变化的所有原因。决定地球温度的主要因素有四个。第一个是太阳——我们最重要的热量来源。当地球偏向太阳，就是夏天，当地球偏离太阳，就是冬天。但真实的情况比这更加复杂，因为地球在椭圆形的轨道上围绕太阳转动时，还会左右摇摆。第二个因素是地球本身的热量。它最直观的体现就是火山爆发，较间接的体现，则是进入一口深矿井时周围温度的上升；它最主要的来源是地球外层的放射性元素衰变，以及当初地球形成时就储存在地核中的热量。虽然这股热量在有的地方喷薄而出、威力惊人，但是和太阳给予的热量相比，地球本身的热量还只是微乎其微的。

第三，海洋也是影响全球温度变化的重要因素。巨量海水环绕地球流动，仿佛形成了一条传动带。对于许多洋流，人类已经研究了好几百年，比如墨西哥湾暖流就是很好的例子；但也有一些是人类比较陌生的，它们与其说是洋流，不如说是一种上升流，比如厄尔尼诺现象就是如此。影响全球气候的最后一个因素是包裹在地球周围的大气层，这层气体既保护地球免受有害辐射的侵袭，也阻止了太阳送来的热量向太空中逃逸。

气候变化还有其他原因。其中和小行星撞击的关系尤其惊人。在那时候，引起气候变化的主要原因不是撞击本身，撞击只是局部现象，但是撞击扬起的尘埃却会充斥整个大气。

总而言之，太阳、地热、水和空气共同决定了地球的温度。要根据这四个因素的变动理解乃至预测气候变化是很难的，因为它们同时决定了气候。有了超级电脑和日渐成熟的模拟手段，未来的预测将会更加可靠，但是要做到准确的长期预测，仍需要多加努力。

我们这颗行星在冷热交替中演化到今天，它的冷和热取决于它的环境，也取决于这四个发起并维持气候变化的因素。地球的过去写满了巨大而出乎意料的变化，其中有起始，有终结，有突变，也有反复。这些变化已经由细致的科学研究揭示了出来，这都有赖于测量装置的进步和人类的巧思。如何有效地运用这些知识？这就是我们未来要写的故事了。地球相对于太阳的运动是决定气候的最大因素，也是我们唯一无法掌控的因素。要讲述地球的历史，最好从这里开始。

哥白尼的和谐

地球每隔二十四小时围绕地轴转动一周，它的一面有时正对太阳，有时背对太阳，这样就形成了日夜的交替。在一年的时间里，地轴与地球公转面的夹角只有很小的变化。当北半球倾向太阳，北半球就是夏季；六个月后，当南半球倾向太阳，北半球就迎来了冬季。这是为什么有冷热变化的第一个解释，也是最重要的解释。但是和其他问题一样，细节是绝对不可小觑的，这里的细节，就是地轴本身的摇摆和细微变化。

1543 年，哥白尼发表了《天体运行论》，主张地球围绕太阳运行，而不是相反。其实在他之前很久，公元前 3 世纪的阿利斯塔克就提出了相同的观点。照科学史学家托马斯·库恩（Thomas Kuhn）的看法，哥白尼的真正贡献在于他第一次将地球的公转归纳成了明确的数学公式，也第一次明白了地球的公转可以解释一系列谜题。哥白尼的这个观点实在有违教义，而他又是一个谨慎的叛逆者，所以直到将死之时才出版了这本著作。

即便是明确了地球围绕太阳转动，哥白尼仍然坚持古希腊人的完美理念，认为地球的公转轨道是一个正圆形。但是到了开普勒所处的 17 世纪早期，一种新的实在观开始为人所接受。科学与艺术双双迎来了复兴，艺术家开始对外部世界做忠实的描摹，画出了其中的透视和阴影。在科学领域，哥白尼绘就的优雅图像也被开普勒推翻，他用精细的测量显示，行星围绕太阳运行的轨道并非正圆，而是椭圆。

一旦开普勒和他的追随者发现行星的公转轨道是椭圆，与他们同时代的人就抛弃了天体形状完美的观点。牛顿在 1687 年的《原理》中简单介绍了开普勒的三大定律，由此为科学奠定了沿用至今的风格；除此之外，他还算出了地球旋转时的平衡形态。到这时，已经没有理由再将地球设想为一个圆球了；在牛顿看来，它本来就不是。他眼中的地球是一个两极稍扁、赤道鼓出的天体，他甚至计算了两极的距离和赤道直径的比例，结果大约是 230∶231，这和今天最精确的计算已经相当接近了。这个计算也解答了当时的一个著名疑问：1670 年代，法国科学院派让·里歇尔（Jean Richer）赴南美洲观测天文。在赤道附近的卡宴，他发现在巴黎设定的摆钟每天都会慢两分半钟。伽利略曾证明钟摆的周期始终如一，但现在看来，它还是有一点变化的。而钟摆的周期取决于地球的引力，如果地球不是正球形的，那么钟摆在巴黎和卡宴就会受到不同的引力。230∶231 的比值换算到钟摆，正好是每天两分半钟的差异！

牛顿还意识到，地球在赤道处的鼓胀会使它的转轴和公转平面的相对位置发生微小的变化。非球形的地球同时受到太阳和月球的吸引，因此转轴的方向会发生变动，这个变动非常缓慢，也许长达数千年，变动的轨迹会在太空中划出一个圆形，而地轴与地球公转平面之间的夹角则始终不变。这个圆形运动被称为"进动"（precession），它的周期很难计算，就连牛顿都无能为力。直到 1754 年，法国大数学家让·勒朗·达朗贝尔（Jean Le Rond d'Alembert）才终于把它算了出来，答案是两万二千年。

地轴的进动和一只高速旋转的陀螺有些相似，只是速度慢了许多。当陀螺开始转动时，如果转轴与地面正好垂直，那么它在转动过程中就始终与地面垂直。但是通常而言，陀螺的转轴是会与地面成一定夹角的，这时，这条转轴就会在空中划出一个圆形；除此之外，它还会有一些上下的微弱晃动，称为"章动"（nutation）。地球的转轴也会章动，也同样非常缓慢。

进动能解释一个古老的谜题：夜空中众星围绕的那一颗星，它的位置似乎也在变动着。目前居中的那一颗是北极星，但是在公元前 3000 年，居中的却是天龙座的右枢。群星之所以看起来围绕北极星转动，是因为地球在围绕地轴转动，而现在的地轴正好指向北极星；但是地轴所指的位置一直在缓慢变动着。而这个变动的周期，就是达朗贝尔计算的两万二千年。

虽然人类在两百五十年前才开始计算地轴进动的周期，但是对它的精确测量可能在四千五百年前就开始了。当我在 2000 年 11 月 16 日的《自然》杂志封面上看到几座埃及金字塔的照片时，我忽然意识到了这一点。那期杂志刊登的一篇文章试图解答一个百年来的未解之谜：胡夫金字塔的东墙与西墙，都恰好与真北成一直线，误差不超过二十分之一度，这样的精确，足以和望远镜发明之前的任何太空观测者媲美。这有力地显示了星相观测是埃及人确定方位的关键。问题是：在公元前 2600 年至公元前 2300 年间建成的八座金字塔，它们的朝向却各不相同，根据建设时间的先后，它们相对真北[①]方向的误差也各有大小。

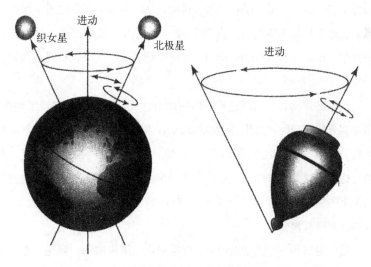

地球转轴的进动类似一只陀螺的进动

在我引述的那期《自然》杂志里，一位名叫凯特·斯宾塞（Kate Spence）的英国学者为这道谜题指出了一个答案：由于地轴的进动，在

---

① 真北，指地理北极的方向。——译者

建设金字塔的时代，真北（即群星围绕转动的那一点）还不是北极星，当时在真北的位置上也没有其他亮星。斯宾塞认为，古埃及人为了尽可能准确地断定方向，在空中画了一条虚线，这条虚线指向真北两侧的两颗亮星——北斗六和北极二的中间位置。她认为，是地轴的进动改变了这根虚线的方向。而它与真北最接近的时候，恰恰是胡夫金字塔建设的时候。比胡夫古老的金字塔偏向了某一边，而在其后兴建的金字塔则偏向了另一边。

这个说法与资料吻合。不仅如此，对群星运动的记载是所有史料当中最精确的。所以斯宾塞的理论可以使我们将金字塔的建筑年代确定到几年之内，这比起文字记载和碳测年又进了一步。当然，这个主张还有一个前提，那就是每位法老在位时都会测定一次真北，并根据测定结果建筑金字塔。现在看来，这也不是不可能。要是考古学家能在记载中发现确定真北的仪式，那么这个主张就能够成立了。

1842 年，在达朗贝尔算出地轴进动之后约一百年，法国数学家约瑟夫·阿方斯·阿代马尔（Joseph Alphonse Adhemar）又以前人的成果为基础，对地球公转中的变化做了计算。在他的著作《海洋的轮回》（*Revolutions of the Sea*）中，阿代马尔提出周期两万二千年的地轴进动会导致周期两万二千年的冰期。他认为，冰期的主要原因是地球的一个半球在椭圆轨道上运行到了距太阳最远的位置，而此时地轴也恰好偏向了离太阳最远的角度。在北半球，这样的重合每两万二千年发生一次；南半球当然也是。

阿代马尔错了：地球在冬季损失的热量，正好可以由夏季获得的热量补充。也就是说，在一个特别寒冷的冬季之后，一定会有一个特别炎热的夏季，将两者平均，当年接收的热量其实并没有变化。不过他确实率先认识到了行星运动与冰期的关联；要知道在他那个时代，人们才刚刚开始讨论冰期的问题。

这些讨论之所以可能，是因为在达朗贝尔 1754 年算出地轴进动到阿代马尔 1842 年著书立说之间，研究者提出了一个又一个问题。之前的 1654 年，乌雪主教（Bishop Ussher）在研读《圣经》之后宣布，上帝创世发生在公元前 4004 年 10 月下旬，在他之前的专家，包括圣奥古斯丁和开普勒等诸位前人，也算出了大致相同的结果。但是到了 18 世纪晚期，这类以《圣经》为根据的计算开始受到严厉质疑。当时的人们问道：为什么不用科学观察代替宗教文本来测定地球的年龄呢？这在当时还像是异端邪说，但也说明科学的观察和测量开始为人们所信任和接受了。

18 世纪最有名气、最受欢迎的科学作家是法国人乔治-路易·勒克莱尔（Georges-Louis Leclerc），又名布封伯爵。他的三十六卷本《自然史》写得平易近人，虽然不乏争议，却也畅销一时。布封认为，地球原本是太阳的一部分，后来在一枚巨大的彗星的撞击下才剥离开来。牛顿曾经算出，一颗地球大小的炽热铁球，至少要五万年才能冷却。为了验证这个说法，布封记录了铸造厂里一枚小号铁球的冷却时间。接着他又算出地球的年龄是八万岁。他将这段时间分成了七个时代，并提出地球在这七个时代中持续冷却，从最初的白热状态变成了今天的模样。这样划分是为了将他的地球诞生理论与《圣经》中的创世传奇相调和：他的每个时代，相当于上帝创世的每一天。布封的理论有许多缺陷，比如牛顿就无法接受彗星创造地球的说法，不过它毕竟代表了那个时代酝酿的新思想。

到了 19 世纪，更多疑问开始显露出来。已经灭绝的动物化石纷纷出土，新运河的勘测者也发现了一个个岩层，它们似乎都按照同样的顺序排列。也许，地球真的十分古老，也真的在过去经历过许多气候变化。1795 年，苏格兰化学家詹姆斯·赫顿（James Hutton）更是语出惊人，他说地球在时间上没有开始，也没有结束。

牧师、律师和鱼类化石专家

1840 年，有三位背景迥异的同道中人共同提出了冰期的存在。其中最年长的一位是威廉·巴克兰（William Buckland），他生于 1784 年，在 1809 年成为牧师。巴克兰热衷于矿物学和地质学，1818 年入选皇家学会，并在 1819 年成为了牛津大学的第一位地质学教授。他想要调和科学与神学，并成为了主张灾变论的头号人物。这套理论认为，地质变迁的原因是灾难和洪水，而其中时间最早、规模最大的，自然就是诺亚遭遇的那场洪水了，正如他那部名著的标题所说，那是"一场全球性洪水的作用"。

三人中的第二人是查尔斯·莱尔（Charles Lyell）。莱尔比巴克兰年轻十三岁，早年在牛津大学学习法律，并接着当上了律师，但是巴克兰的讲座勾起了他的兴趣，使他渐渐走上了科学研究的道路。1824 年，四十岁的巴克兰和他这位二十七岁的学生在后者的家乡苏格兰做了一次地质调查。这次旅行坚定了莱尔继续钻研这门爱好的决心。1826 年，他也加入了皇家学会。1827 年，他放弃法律事业，开始专心从事科学。

巴克兰与莱尔的友谊保持了终生，但他们的观点却产生了分歧。莱尔成为了"均变论"的主要代言人。这派观点认为，侵蚀作用将山脉渐渐削平，连续的地震又缓缓抬升了地壳。它还认为物种的生存和灭绝是由时好时坏的气候变化造成的。莱尔尽可能避免神学上的争论，主张有一分证据说一分话。不出意料，随着时间的推移，巴克兰的影响慢慢减弱，莱尔的影响渐渐增强，这要极大地归功于他的三卷本著作《地质学原理》（*Principles of Geology*）。达尔文乘坐小猎兔犬号出海时，就随身带了当时刚刚出版的第一卷；他还叮嘱别人，在他抵达蒙得维的亚①时一

---

① 蒙得维的亚，乌拉圭首都。——译者

定要将第二卷寄到那里。这三卷著作成为了 19 世纪的地质学瑰宝，莱尔也和小他几岁的达尔文成为了至交。达尔文在自传中写道："莱尔对地质科学的贡献，我相信超过历史上的任何一位人物。"

　　追随莱尔的均变论者和追随巴克兰的灾变论者展开了激烈的辩论，双方都想确定地球的起源，但是谁也无法对一些谜题得出满意的答案。其中的一道谜题，就是在乡间的那些称为"漂砾"的巨大岩石。这些巨石往往有一幢房屋大小，它们的成分与周围的一切事物都不相同，显然是被某种未知的力量推到现在的位置的。灾变论者主张它们是巨大的潮水推来的；而均变论者认为，它们是挟裹在缓慢漂浮的冰山之中，从遥远的北方移动来的。这两个观点都与一场大洪水的说法吻合，没有违背神学，然而它们都无法解释为什么高海拔山区也会出现的那些巨岩和其他沉积物。难道说，当初的洪水曾经席卷了整个地球？

　　就在均变论者和灾变论者对彼此的结论争执不休时，三人组中的第三人提出了自己的发现。他就是瑞士出生的路易·阿加西（Louis Agassiz）。阿加西比莱尔小十岁，比巴克兰小二十三岁，早年获得过哲学和医学学位，同时也在自己感兴趣的植物学和古生物学领域从事研究。才二十岁出头时，他就计划将自己的鱼类化石研究写成一部五卷本著作；到了二十五岁，他已经是纳沙泰尔①的一名博物学教授了。鱼类研究使他成为了科学界的新星，也使他在 1838 年成为了皇家学会的外籍会员。

　　按照这位年轻的鱼类化石专家的猜想，那些谜一样的巨石是某个史前时代的遗迹，在那个时代，气温比现在寒冷得多，欧洲和北美洲的许多地区都在一层坚冰的覆盖之下。在阿加西看来，那些布满深刻刮痕和冰碛的石头，当然还有乡间的那些漂砾，都是由冰川的进退造成的。他

---

　　① 纳沙泰尔，瑞士城市，纳沙泰尔省首府。——译者

还声称，他家乡瑞士的那些冰川就是古代那一片片庞大冰原的缩小版本，两者只有量的差异，没有质的分别。冰川造成漂砾的说法并非始自阿加西，但他是这个观点的重要推手。他的精力、他的劲头、他的广博见解，以及他在科学界的巨大影响，都使人对他不敢怠慢。

阿加西对冰川的兴趣始于 1836 年，那年夏天，他去拜访了一位老友、业余科学家让·德·沙尔庞蒂耶（Jean de Charpentier）。这次拜访和往常一样，也是半为研究、半为休闲。沙尔庞蒂耶的宅子附近有许多化石，阿加西想研究研究，但是他逗留得越久，两个人的话题就越转向冰川移动的观察。沙尔庞蒂耶认为冰川曾经填满附近的几个山谷，阿加西起初将信将疑，但是他查看的证据越多，心里就越是肯定。两位友人徒步走到附近的霞慕尼冰川（Chamonix glaciers），亲眼去验证这个现象并不限于沙尔庞蒂耶家附近的几道峡谷。阿加西甚至叫人在阿勒冰川（Aar glacier）的边缘造了一座小屋，好让他日夜不受打扰地观察冰川的移动。一旦确定冰川真在移动，他就立刻向公众作了说明。1840 年，著作丰富的他又写出了一部关于冰川的两卷本。他在书中运用了充满权威的科学语言，并用地质学的数据支持了自己的观测，他还绘出了一幅激动人心的画卷，

作“冰川学家”装扮的巴克兰牧师

显示冰川曾在过去一直延伸到南边的地中海。

1838 年夏天，巴克兰牧师携妻子游览欧洲大陆，途经瑞士时拜访了这位杰出的年轻同行。阿加西陪他考察了阿尔卑斯山，然而这并没有动摇他对洪水推动巨石的信念。1840 年夏天，阿加西去英国研究鱼类化石，两人再度会面。巴克兰邀请他和杰出的地质学家罗德里克·麦奇生（Roderick Murchison）一同游览英格兰北部和苏格兰。三人考察了沿途的地势、地面的沟槽和大大小小的岩石。在用全新的眼光审视这些证据之后，巴克兰终于相信了冰川移动是正确的解释，他也就此成为了这个理论的宣传者。他联系了自己的老友和学生莱尔，让他也认识到了这个观点的威力和正确性——毕竟，比起灾变论，缓慢的冰川移动更符合均变论，既然巴克兰都能被说服，那莱尔就更不会落后了。到 1840 年深秋，牧师、律师和鱼类化石专家终于达成了一致，他们在地质学会上宣读论文，公布了英格兰和苏格兰曾经被冰川覆盖的证据。

在这之后，巴克兰继续服务教众、探索科学。他在 1856 年逝世，三年后，达尔文的《物种起源》出版，提出了他肯定不会同意的观点。他死后葬在了牛津附近的伊斯利普，在他自己的教堂墓地中长眠。莱尔的名声越来越大，他在 1848 年册封骑士衔，1864 年又成了准男爵。他还成为了达尔文的导师，对于自然选择理论，他起初反对，但最终还是接受了。他在 1875 年逝世，死后葬在了英国伟人的万神殿威斯敏斯特教堂，与牛顿为邻。

阿加西移居美国，当上了哈佛大学教授，在一长串移民美国的欧洲科学大家中占了一席之地。他虽然喜欢冒险，也愿意接受新鲜观念，却始终没有认可演化的概念，一直到死，他都坚信各个物种是分别创造出来的。他在 1843 年死于麻省剑桥，葬在我母亲和我的岳父母长眠的奥本山公墓。几棵从家乡纳沙泰尔运来的松树荫蔽着他的坟墓。和我的家人相比，他的墓碑有些与众不同，那是从阿勒冰川采下的一块巨石——

他当年就是在那里筑起简易小屋，观看冰川移动的。

冰的循环

你或许认为，既然冰川移动和古代冰期的观念已经得到了均变论者和灾变论者的认可，那么从此就再也没有异议了。但实际上，这些观念直到 1870 年代才得到了广泛接受，而且即便到了那时，冰期的成因也依然是一个谜。

我在前面说过，阿代马尔在 1842 年提出的地轴进动可能导致冰期的说法很快就被推翻了，因为按照他的推测，极寒的冬季之后必有极热的夏季，使得年均温度保持不变。不过，他的理论还是在二十年后启发了一个自学成才的苏格兰人，詹姆斯·克罗尔（James Croll）。克罗尔 1821 年 1 月出生在佩思郡的一个农村，他家境贫寒，没上过多少学，但始终坚持阅读和思考。他做过车匠和木匠，但后来肘部受伤，始终不愈，难以再从事这两项职业，于是他干起了静坐少动的营生。他在茶叶店打过工，卖过减轻身体疼痛的电气设备，经营过一家小型旅馆，还推销过保险。但这些工作都没有起色，仿佛一开始就注定失败似的。1859 年，他的妻子病倒了，克罗尔只得带着妻子迁往格拉斯哥，让她的姐姐照顾。1861 年，克罗尔在格拉斯哥的安德森尼亚博物馆找了个低微的差事，他后来说，是这份工作拯救了他："是的，我的薪水很少，只够生存而已，但是比起我在那里的收获，这实在算不上什么。"

博物馆有一间很好的科学图书馆，而克罗尔又有大把时间。他醉心于冰期的问题，并且提出了一个很有意思的观点。他问自己：如果接连出现了几个特别寒冷的冬天，会有什么结果？他认为低温会造成更多的降雪，而积雪又会反射更多的阳光。也就是说，积雪越多，地球就会越冷。而地球越冷，又会造成更多降雪。就这样，克罗尔发现了低温渐渐增强的机制，今天的我们把这个机制称为"反馈"。就冰期而言，地球轨道的细微变化可能使它变得格外寒冷，而这个变化未必会被夏季的升温所抵消。

降雪是克罗尔考虑的第一个反馈机制，他接着又想到了洋流。从欧洲北部出发前往美洲的标准航道是向南行驶，经过葡萄牙、马德拉群岛和加那利群岛，然后向西，乘着东西向的信风穿越大西洋。在加勒比装货后，船只再沿墨西哥湾暖流北行，然后向东转弯，绕一个大圈回到欧洲。克罗尔认为，海水之所以这样流动，一个原因是巴西的海岸向外突出，在大西洋中形成了一块巨大的三角形楔子。沿赤道向西流动的温暖海水撞到这只楔子的上边，接着改变方向朝北流动。他还推测，如果洋流的方向略有不同，那么这股向西流动的温暖海水就会撞到巴西这只楔子的下边，并被导向南方。只要一个半球的冰层变厚，就可能导致风向的变化，并使得这股向西的洋流撞上楔子的另一边；而这又会导致北半球更加寒冷、冰层更厚。就这样，克罗尔又提出了第二个反馈机制。这时的他已经确信，气候的微小变化可以经由反馈放大，使得寒冷的天气周期性地变成冰期。

克罗尔的另一个优势是掌握了最近的天文学数据。达朗贝尔曾经计算月球、太阳和地球赤道的隆起对于地球轨道的影响，后来阿代马尔的推测就是根据这个计算做出的。从阿代马尔的著作出版到克罗尔完成计算的三十年中，又有一位名叫奥本·勒维耶（Urbain-Jean-Joseph Le Verrier）的法国数学家计算了太阳系中其他行星对于地球轨道的摄动。根据他的计算，地球椭圆形轨道的偏心率（大致相当于形状）会以十万年的周期发生变化。他还计算了地球的自转轴与公转平面夹角的变化周期。

将所有数据综合之后，克罗尔提出了一个主张：在地球偏心率较高的时代（这个时代大约持续十万年），每一万一千年就会出现一次冰期，冰期在南北半球交替出现。而在偏心率较低的时代则没有冰期。他还推测上一次冰期大约结束于八万年前，而现在的我们正处于两个冰期之间。克罗尔的结论在 1875 年首次发表，很快就得到了接纳。著作出版不到一年，这位自学成才的苏格兰人就成为了皇家学会的成员，圣安德鲁斯大学还向他颁发了荣誉学位。然而这份荣誉是短暂的。到他 1890 年过世的时候，学术的潮流又转到了与他对立的方向。19 世纪末的测算显示，最后一次冰期并非如他所说的在八万年前结束，而是止于更近的年代。1911 年，当《大英百科全书》第 11 版问世时，他名下的条目是这样写的：

克罗尔有关冰期的天文学理论在《哲学杂志》上受到了 E·P·卡尔弗韦尔等人的批评，现在已被学界放弃。不过我们仍需承认，他力排众议坚持科研的品格还是堪称英勇的。

讽刺的是，到了 1914 年《大英百科全书》墨迹未干之时，就有人发表了第一篇为克罗尔平反的文章。文章的作者是一位塞尔维亚的数学教授，名叫米卢廷·米兰科维奇（Milutin Milankovitch），时年三十六岁。米兰科维奇掌握的数据比克罗尔更加全面，也因此相信自己能够确定过去的气候，预言将来的冰期。然而，他用了十年时间才取得了第一个突破。到 1920 年代初期，德国数学家路德维希·皮尔格林（Ludwig Pilgrim）将勒维耶的计算推进一步，确定了地轴倾角的变动周期，这个周期是四万一千年。到这时，冰期理论已经不仅仅包含两个周期，而是三个了：一是进动（两万二千年），二是偏心率（十万年），三是地轴倾角（四万一千年）。米兰科维奇加紧了对气候问题的研究：地球在任何一个地点、任何一个时间接收到的太阳光线都只依赖于两个因素，一是地球和太阳的距离，二是地球本身的倾角；多亏了皮尔格林，现在这两个数据他都有了。

到 1930 年，米兰科维奇已经算出了在北纬 5 度至 75 度的八个地点上，太阳光照随着地质年代的变化。他得到的第一组数据与阿尔卑斯冰川的历史吻合，他因此相当乐观，但是他仍需要精确地测算反馈效应。到了 1941 年，他已经为过去五十多万年间的地球写出了一卷完整的温度变迁史。地球温度的最低值取决于偏心率、地轴倾角和进动这三个周期的相互作用，因此并不遵循简单的周期规律。他的计算显示，在过去四十万至二十万年之间出现过一个漫长的间冰期，但是在过去的六十五万年里，也有过九个温度骤降的时代——也就是九个显著的冰期。

在那些冰期中，夏季的气温比今天低大约华氏 12 度（约摄氏 6.7 度），这足以使大片冰原覆盖地球。米兰科维奇的模型在当时取得了相当的成功。然而到了 1950 年代中期，新的技术又得出了与他的计算相左的结果。直到 1970 年代中期，詹姆斯·海斯（James Hays）、约翰·英布里（John Imbrie）和尼古拉斯·沙克尔顿（Nicholas Shackleton）才一举证明了他的模型是正确的。克罗尔开创的思路绵延一百二十五年，终于得到了接受。在今天的地质学教科书里，都用"米兰科维奇循环"（Milankovitch cycle）描述冰期出现的时间。

冻土上的鲜花

冰层是一个绝佳的观察场所，在这里可以找到气候变暖或变冷的记录、米兰科维奇循环的证据，还可以找到温度骤然变化的痕迹。在漫长的时间里积累起来的冰层更是特别理想。最好的深层冰位于格陵兰和南极洲。科学家一直在寻找积雪千年不化的地方，在那里，表层的新雪将下层的旧雪压成了厚度均匀的冰层。他们钻入冰层深处，然后泵入液体，以抵消冰的压力，防止钻孔坍塌。等达到预定深度后，他们就停止钻探，将冰块取样带回地表。在格陵兰，钻头已经深入到冰面以下 2 英里（约 3.2 公里），抵达了岩层，并将十万年前的积雪带了回来。

冰层就像树木的年轮，能透露古代的气候。样本中每一个冰层的厚度都在诉说那一年下了多少雪。某一层有较为粗重的尘粒，就说明那一年刮了大风；某一层有火山灰，就说明那一年有火山爆发。到了 200 英尺（约 61 米）以下，压力已经大到能够锁住气泡，这些气泡可以用来分析甲烷和二氧化碳的含量。由于热带沼泽中的细菌会制造甲烷，所以气泡中的甲烷越多，就说明那个年代的热带沼泽越多，气候也更温暖。这些都是确定某一年气温的间接方法，也有直接的方法可以做到这一点。

冰不全是一个样子，它们外观的差异（有些要用精密仪器才能分辨）很能说明问题。在夏天形成的冰晶比冬天的更大；夏雪形成的冰块酸性稍强；尘土通常在春天堆积，因为春天风力较大；降雪较少的年份，积尘较多。这些信息都透露出那一年的冷热和干湿。如果从上到下审视冰盖样本，我们会先看到平整均匀的冰层，它们有的薄有的厚，但都能轻易分辨。再往深处，冰川的滑动开始造成微小的扭曲和裂隙。到更深处，冰层因为上方的压力而越来越扁。到最后，到了十万年历史的格陵兰冰川之下，层与层之间已经不可区分，记录也到此结束。但是在南极点附近的沃斯托克，研究者却可以继续追溯到四十万年之前。这是因为那一带气候干燥，降雪较少，每年仅有 1 英寸（2.54 厘米）左右。在这里，上层对下层的压力不像格陵兰那么大，但是每个冰层也较薄、较难解读。

冰是热的不良导体，较冷的冰层始终较冷，较热的冰层始终较热。冰的这个性质可能使有些人意外，但是居住在冰屋中的因纽特人早就知道了这一点；我们的祖先能将冰块储存一个夏季，他们也知道了这一点。千万年来，深埋在格陵兰地面之下的冰层用温度保留了自己出生时的记忆，要追查旷日持久的酷热或严寒，这是一条特别可靠的线索。通过它们可以知道，在过去有过一个苦寒的时代，当时的格陵兰，温度比今天低了足足 35 度。

这些数据与米兰科维奇循环大致符合：地球的确在大约十万三千、八万二千、六万、三万五千和一万一千年前变得比较温暖过。但是数据中也显示了一些意外事件，这些事件对我们预测未来或许具有重要的参考价值。过去一万年中，地球的温度相当平稳，没有出现大的波动，然而冰芯记录显示，这是十分罕见的现象。在那之前的九万年里，格陵兰的气温曾经突变了二十多次。突变期间，降雪增加了一倍，空气中的尘埃变化了十倍，平均气温的上升或下降达到了 20 度。这些变化发生得非常迅速，往往只有几十年的时间，有几次更是只有几年。规模较大的变迁往往持续一千年左右，在它们之前会先出现一些小规模的来回变动，称为气候"闪变"（flickering）。鉴于地球和太阳的相对位置变化得十分缓慢，这些遍布全球的变化不可能用米兰科维奇循环来解释。

这些突然的变化也不是因为流星撞击地球，或者火山喷出的灰尘遮蔽了阳光，因为这样规模的撞击或喷发都太少见了。一定是发生了什么别的事件，它曾经一再发生，并且对地球造成了很大的影响。最近的一次剧变造成了一股为期一千年的寒潮，在大约一万一千年前结束，当时的地球刚从冰期中苏醒，正在进入了一个较为温暖的时期。这个一千年的过渡期称为"新仙女木期"，它是根据一种小花命名的。当时，新生的欧洲森林结成了冻土，戈壁变成了沙漠，海洋也移动了位置，一片萧条之中，只有这种小花迅速开满了大地。

长达千年的新仙女木期可以在许多地方找到证据，斯堪的纳维亚的冰碛，新西兰冰川的运动，海洋深处的沉积，以及加拿大的沼泽，都留下了它的痕迹。我们还不清楚是什么造成了这次突如其来的寒潮以及更早的温度剧变，最有可能的原因，是在全球大洋中运送海水的"传送带"发生了偏移——这也是造成气候变化的四个主要原因之一。

华莱士·布劳克（Wallace Broecker）是哥伦比亚大学杰出的海洋学家和地质学家，他曾经多次主张这个观点，越到后来就越是坚定。他在过去几十年中一直在研究洋流的模式，不过他绝不是研究洋流的第一人。在他之前，本杰明·富兰克林就对墨西哥湾暖流有着浓厚的兴趣，他在南塔克特的表弟蒂莫西·福尔杰（Timothy Folger）船长还为他画了一张湾流图。富兰克林先是观察了那里的鸟类和鱼类，但是身为实验学家，他的兴趣很快就转向了对空气和海水的温度测量。每一次穿越大西洋，他的兴趣就会增加一分。在七十九岁那年最后一次航行时，他记录下了20英寻（约37米）深处的海水温度，他还观察了墨西哥湾暖流的宽度，并和周围的海水相比较，希望在里面找出欧洲北部相对较暖的原因。

欧洲北部的气候之所以较为温和，原因不在墨西哥湾暖流，而在那几条浩浩荡荡的海洋传送带。大西洋盆地的地形和海风驱使温暖的海水向北流动，形成了一股规模超过北美洲所有大河总和的洋流。这股海流在到达格陵兰边缘时被北冰洋冷却。冷却的海水密度变大，沉入海底，并调头朝南极洲奔去。到了南极，它又被弹回大西洋和太平洋，重新开始北上的远行。大西洋的海水要比太平洋的咸，因为两者在水的蒸发和补充上略有不同。这主要是因为充满水汽的温暖西风持续在中美洲上空吹拂，将淡水带入太平洋，使它比大西洋更淡。盐度的不同也影响了传送带，因为较咸的海水密度较大，因此下沉速度也较快。这一切都使我们确信，盐度较大、翻转较快的大西洋是大洋传送带的主要推手。

大约一万三千年前，在接近新仙女木期开始的时候，北大西洋的水循环发生了一次剧变，这次剧变时间很短，只有不到两百年。海洋传送带似乎骤然停止，随后重新启动，但是速度有所减缓。等到一千年的新仙女木期结束时，它才恢复了本来的速度。布劳克认为，这次变化的原因可以追溯到最近一次冰期结束时巨大冰盖的融化：融冰产生的水在北美洲形成了一个大湖，它起先漫过密西西比河流域，流入墨西哥湾。随着冰盖继续后退，东部的圣劳伦斯河流域也开启了一条新的水道。根据布劳克描绘的图景，大约一万二千年前，融水开始直接流入北大西洋，地点正好位于传送带今天的北端，在海水沉向海底的水域附近。他认为，突然涌入的淡水降低了洋流的盐度，也降低了海水的密度，使得传送带终止。由此最可能的后果是格陵兰变得更冷、南极洲变得更热，因为向北流动的暖流和向南流动的寒流都停止了。初步的证据显示，事实的确如此。虽然我们还需要开展更多更好的实验，但是这个传送带模型

海洋传送带（布劳克命名）

已经通过了第一轮测试。

布劳克的模型只是一种解释，或许其他的机理才发挥了主要作用。对海洋沉积物的分析显示，在过去十万年中，巨大的冰山从北极出发集体迁往南方的情况至少发生了六次。没有一个体系能够单独解释所有的海洋现象。研究气候变化也不能只考虑海洋而忽视了海洋与大气以及地壳之间复杂的相互关系。

厄尔尼诺，过去和现在

由地球、空气和水的变化引起的气候变化是彼此关联的。近年来，一个海洋与大气的相互作用造成的现象走进了大众的视野。这个现象就是"厄尔尼诺"，西班牙语的意思是"圣婴"，它的命名者是秘鲁西北部的沿海居民，他们发现圣诞节前后海里有暖流出现，于是给它起了这个名字。大约一百年前，这些秘鲁人还注意到了水温的周期性变化会伴随大量雨水以及随之而来的洪水。

秘鲁西北部突然出现温暖的海洋运动，这个消息不太可能登上报纸头条，但是当暖流在 1997 至 1998 年造访时，却引出了 20 世纪最剧烈的厄尔尼诺现象。在 1997 年 6 月至 12 月间，东赤道太平洋的海面水温每个月都在刷新纪录，最后的上升幅度接近 20 度。受厄尔尼诺影响的水域面积超过了美国本土。当暴雨来临，数百人在泥石流中丧生。30 英尺（约 10 米）的巨浪在 1998 年 2 月冲向加州沿海，佛罗里达的降雨也比往年增加了一倍。庄稼浸水腐烂，全世界的死亡人口估计为 20 000，财产损失估计为 300 亿美元。这一切都是厄尔尼诺现象造成的吗？大概不全是。但是加州的巨浪和佛州的豪雨肯定是由它引起的。同样的气象模式却在亚洲引发了干旱，在印度尼西亚点燃了森林大火。

乍一看，这些事件似乎是独立发生的，但是经过深入研究，它们的关系就变得清晰起来。1923 年，吉尔伯特·沃克爵士（Sir Gilbert Walker）[①] 发现了在今天称为"南方涛动"（Southern Oscillation）的现象：当印度洋上的澳洲达尔文港气压上升，西太平洋上的大溪地岛就气压下降；反之，当达尔文港的气压下降，大溪地岛的气压就上升。南方涛动是两片大洋在气压上的一场拉锯。

1960 年代晚期，海洋学家发现南方涛动与厄尔尼诺现象有着紧密的联系。今天，这两个现象已经合称为"厄尔尼诺—南方涛动现象"（El Niño Southern Oscillation，简称 ENSO）。由于两者的联系十分地密切与清晰，研究者在历史纪录中找起了秘鲁厄尔尼诺风暴和印度洋沿岸旱灾之间的相关。在印度，最严重的旱灾发生在 1686 年和 1790 年，那两年里，降雨量跌到了往年的四分之一。更严重的是，那两年的降雨毫不均匀，暴雨突如其来，接着马上收干，雨水很快流走，地面依然干旱。不出所料，这些旱灾的时间果然与秘鲁的厄尔尼诺相吻合。

也是在 1960 年代，挪威气象学家雅各布·比耶克内斯（Jacob Bjerknes）发现，南方涛动是对太平洋上一股东西向气流模式的扰动。在正常年份，温暖湿润的空气会在西太平洋上空聚集，那也是太平洋上最温暖湿润的部分。当气压和信风发生变化，气流也随之改变。海洋的表面温度与气流模式相互配合，先是一个正反馈加大了厄尔尼诺，接着一个负反馈又消除了厄尔尼诺。比耶克内斯的分析激励了其他气象学家，使他们研究起了北极涛动（Arctic Oscillation，简称 AO）和北大西洋涛动（North Atlantic Oscillation，简称 NAO），以及在海洋运动、气流、湿度变化和温度变化之间的其他联系。

这些都是很难的问题。今天，气候建模因为有了更大、更好的计算

---

① 吉尔伯特·沃克，英国物理学家，统计学家。——译者

机而得以迅速发展，但是即便如此，这个领域依然处在萌芽阶段。计算机模型可以预测厄尔尼诺现象何时启动、何时冲顶、何时又会衰减为拉尼娜现象（太平洋的冷却循环），但是这预测仍不过是粗略的估计而已。我们知道厄尔尼诺现象每三年到七年出现一次，每次持续十二至十八个月，但我们依然不知道下一次厄尔尼诺会是什么规模。不过话说回来，厄尔尼诺启动之后，我们还有几个月的时间来估算它的发展。持续的研究至少给了我们预备和防护的机会。

考古资料告诉我们，厄尔尼诺之后的暴雨在过去几千年里一直冲刷着南美大陆。不过，这些资料也显示了一些颇有意思的时间变化。古气候学家唐纳德·罗伯戴尔（Donald Robdell）和他的同事来到厄瓜多尔境内的安第斯山，研究了位于山上 13 000 英尺（约 3 962 米）的帕拉科查湖（Lake Pallcacocha）底部的沉积层。他们在湖底钻了一个 20 英尺（约 6 米）的洞，取出样本，然后观察其中逐年形成的沉积物。在雨水较多的年份，有较多物质从周围的陡峭湖岸上冲进湖底；而在较为干旱的年份，湖底的沉积物就较少。起初他们并未发现什么意外之处：厄尔尼诺现象带来的暴雨每三到七年出现一次，这一点和今天并无不同。但是随着时间向前推移，那些较为古老的沉积层却出现了一些令人困惑的现象：他们以略早于五千年前为界，发现在那之前，厄尔尼诺只是偶然出现，大约每一百年只有一两次，而且即使出现，强度也很弱。

帕拉科查湖的沉积层可以追溯到一万二千多年之前。除此之外，我们肯定还需要其他证据。不过从巴布亚新几内亚和澳大利亚的珊瑚中也可以看出，在一万年前，太平洋上的空气循环和水循环似乎确实和今天有所不同。这使我们不由猜测，它们是否曾对南美洲的文明发展产生过什么影响。有人甚至主张，就是厄尔尼诺现象引发的降雨增加了农作物产量，并由此促进了大型分工社会的成长。无论如何，安第斯山的气候确实在过去一万年内发生了变化，这或许同样和海洋传送带的变化有关。

有的气候异常容易解释，有的就难了。过去五百年中有过两个最冷的夏天，分别是 1601 年和 1816 年，在它们之前都有过剧烈的火山运动，将大量灰尘射进了平流层。之后，尘埃徐徐扩散，遮蔽了阳光，地球变冷了。一座火山无论位于地球何处，只要喷发足够剧烈，都会产生同样的后果。1815 年 4 月，印度尼西亚的坦博拉火山喷发，在欧洲，1816 年被称作是"没有夏天的一年"。在那异常寒冷的两年，就连极地冰盖中也沉积了大量火山灰。最近的 1991 年，当菲律宾的皮纳图博火山剧烈喷发之后，全球气温也曾短暂下降了 1 度。

火山喷发和全球变冷的关系显而易见、很好理解。但是另一方面，我们却不知道为什么在 1100 年和 1250 年之间的欧洲和美洲会如此温暖，以至于维京人在格陵兰种起了庄稼。而相比之下，1400 年至 1800 年却又如此寒冷，乃至获得了"小冰期"的称号。在那四百年中，全球平均温度下降了 1 到 2 度，荷兰的运河常常冻结，瑞典军队踏着冰封的北海入侵了丹麦。纽约港冻结了几次，乔治·华盛顿在福吉谷①度过了一个寒冷的冬天——不过对于那个地区并不算太冷。这些事件的起因是什么？是风向转变、洋流变化，还是许多因素的共同作用？

太阳黑子同样会对天气产生影响，但据说这个影响十分微弱，不足以引起重大的气候变化。不过在 1645 年至 1715 年间，太阳黑子几乎消失了，而当时地球正处于"小冰期"中间。一百年前，当有人指出这个现象时，大家都认为是记载出了差错，并未理睬。但是更加晚近的分析显示，当时的记载是准确的。此外，在过去五千年里，太阳磁场曾有七次降至最低值，而其中的六次都恰好与地球上的寒冷期重合。这很可能只是碰巧，但全球的温度变化，肯定还有什么我们不太

---

① 福吉谷，位于美国宾夕法尼亚州，华盛顿曾在此练兵。——译者

了解的原因。

温室效应：基本原理

阳光、水和地球本身的相互作用共同决定了地球的气候变化，而空气的参与则使这个复杂的过程更难捉摸。空气的作用主要表现在一个受到大量宣传、却又时常遭到误解的现象——温室效应。一间温室中的热量来自透过温室玻璃的阳光。包括阳光在内，一切辐射都可以用它的能量密度（即辐射强度）和辐射频率来描述。其中辐射频率指的是辐射物体每秒发出的波的数量。植物能吸收辐射的能量，并以一个较低的频率将能量反射出去。玻璃温室里的空气会吸收植物反射的一部分能量并且变热。那层玻璃的主要作用是将温热的空气锁在内部，使其不与外界的低温空气对流。

将视野扩大许多倍，地球的大气层也相当于一间温室。阳光穿透空气，其中没有被浮云反射的部分照到地面，使地面升温。地面也反射阳光，但空气使热量无法逃逸。地球的玻璃棚正是被重力束缚的那一圈大气层。问题是，大气层为什么像是一个单向过滤网，只放进太阳发来的辐射、却不许地球的反射进入太空呢？

这个问题的答案中有物理，也有化学。要弄懂它，我们就要必须懂得一些定律，这些定律对辐射、热平衡、温度，以及普通空气分子的特定性质起着支配作用。1879 年，维也纳的物理学家约瑟夫·斯特凡（Josef Stefan）发现了第一条与辐射有关的定律。他发现一切物体都在向外辐射电磁波（可见光就是其中的一小段），而物体每平方英尺的辐射强度只和物体的温度相关。这个相关是非常强的，它和物体温度的四次方成正比。也就是说，如果物体的温度变成原来的 2 倍，那么物体辐射的能量密度（也就是辐射强度）就会变成原来的 2^4 倍，即 16 倍。当然，这个关系成立的前提是用正确的温标测量温度——也就是以摄氏零下273度作为零度的开氏温标。虽然一切物体都在发出辐射，但是根据斯特凡的定律，辐射会随着物体温度的下降而急剧下降，当物体降到绝对零度时，辐射也会彻底消失。

斯特凡在维也纳收了一个天资聪明的学生，名叫路德维希·玻尔兹曼，我们在上一章已经和他打过照面了。玻尔兹曼吸收了麦克斯韦的观点，用统计学研究了分子在热平衡状态下的行为，他还对这个观点加以改造，并提出用熵的概念来描述这些分子的运动。当初是斯特凡向玻尔兹曼介绍了麦克斯韦的论文，他还借给了玻尔兹曼一本英文词典，好让他把论文译成德文。玻尔兹曼在十年后报答了老师，他以麦克斯韦的观点为基础，对斯特凡的定律作了引申。这条定律现在称为"斯特凡—玻尔兹曼辐射定律"，它预测了在特定温度下，某一块表面在每平方英尺或每平方米上会发出多少辐射。这样，知道了太阳表面的温度和太阳的表面积，我们就能算出太阳的总辐射量了。

不过，斯特凡—玻尔兹曼定律并没有告诉我们辐射的频率是多少。这一点在威廉·维恩（Wilhelm Wien）1894年提出的一条定律中得到了说明。这条定律指出，如果你绘制一条辐射强度对辐射频率的曲线，你会发现这条曲线在频率上达到一个非常显著的峰值，而辐射频率又是与辐射物体的开氏温度呈正比的。下面的图片就显示了辐射物体在三个温度下的三条曲线。记住一点：你同样可以把它们画成辐射强度对辐射波长的曲线，因为频率和波长是互成反比的；波长增加就相当于频率减小。

温度是如何决定辐射强度达到峰值时的辐射频率的？讨论这个问题时，地球和太阳之间形成了一个有趣的对比。我们观察不到地球辐射的峰值，但我们知道它位于光谱的远红外段，因为我们能测量地球的温度。相比之下，我们虽然不能直接测量太阳的温度，却可以观察到太阳辐射的峰值。这个峰值正好在可见光的中间段。实际上，人类的眼睛经过数百万年的演化，就是为了能在明亮的阳光中发挥最佳性能。可以说，眼睛的形成，就是为了应对太阳的表面温度。如果太阳比现在稍冷一些，我们的眼睛也会适应，那样的话，它们很可能就会对频率略低的光线最敏感了。我们能够知道太阳的温度，是因为我们在太阳的辐射强度对辐射频率曲线上观察到了峰值。由此可以算出，它的温度是开氏5 800 度。

一旦知道了太阳的温度，就可以用斯特凡—玻尔兹曼定律确定太阳的辐射量了。再做一些几何运算，就可以推出有多少辐射到达了地球。那么地球又反射了多少热量呢？根据热平衡原则，进来的热量和出去的热量应该是相等的。而知道了地球的反射量，就能够进而算出地球的温度。当然，这个温度会随着时间稍有变化，但是这样微弱的变动暂时可以忽略不计。经过简单的计算，将地球接受的热量减去发出的热量，就可以算出地球的平均温度是华氏 0 度（约摄氏零下 18 度）或开氏 255 度左右。但实际上，地球的平均温度却是华氏 60 度（约摄氏 16 度）。为什么会有这个差别呢？

你当然可以说这个差别是因为地球大气制造了温室效应，但是事情没有那么简单。论体积，空气中有约 78% 的氮，21% 的氧和 1% 的氩，三者相加是 100%。这三种气体对辐射都是通透的，太阳辐射可以进来，地球辐射也能出去。还是那句老话：关键在于细节。这三种气体在地球大气中的比重几乎是 100%，但它们还不是全部。

地球的理论温度和实际温度之间华氏 60 度（约摄氏 33 度）的偏差，几乎完全是因为大气中少量的水蒸气、二氧化碳、甲烷和微量其他气体。水蒸气在赤道附近最潮湿的区域占到空气的 4%，而在南极洲的含量还不到百万分之一（1 ppm）。和大家一般的想象不同，南极洲十分干旱，几乎没有降雪。而寒冷的气候又保证了那里即使降雪也不会融

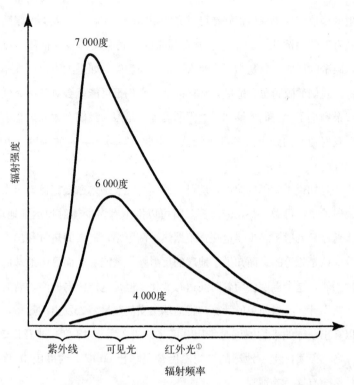

在热平衡状态下的辐射强度对辐射频率曲线。图中的三条曲线对应于热平衡状态下开氏 7 000 度、6 000 度和 4 000 度时的辐射。曲线峰值所对应的强度和频率随温度变化，且符合维恩定律。

化。我有一位朋友在南极洲生活了一年，他的一件旧 T 恤衫上印了一行字，很好地说明了这一点："来南极滑雪吧——这里有 2 英寸的粉雪，2 英里的冰基"。

二氧化碳在大气中的含量只有 360 ppm，却在全球变暖的国际辩论中占据了中心位置。它和其他"温室气体"之所以如此重要，都是它们的化学性质使然：它们的特殊分子结构，使得它们对达到峰值的太阳辐

---

① 配图疑有误，横轴顺序应为"红外光、可见光、紫外线"。——译者

射放行，却对地球发出的红外辐射大量吸收。它们都好比单向滤网，它们就是地球温度上升华氏 60 度的原因。如果它们的含量继续上升，它们也将是未来全球气温升高的原因。

由于云层的覆盖，具体的情况还要稍微复杂一些。这里的热平衡是在空气和地面之间形成的——双方都在吸收辐射和放出辐射。地球内部的放射性反应也在释放热量，只是总体而言数值很低。虽然这些因素使问题更加复杂，但结论依然是成立的：地球在有大气和没有大气的情况下相差了华氏 60 度，主要是因为温室气体的作用。

大气中这样微小的一部分，居然对全球温度有这么大的影响，这说来或许令人吃惊。但是在观察了火星和金星之后，你就不会那么吃惊了。虽然金星、地球和火星都是从太阳周围的原行星盘中形成的，但是三者的演化时间却不相同。人类已经向火星发射了一连串无人探测器，它们描绘的火星空旷寒冷，几乎没有水和甲烷，薄薄的大气主要由二氧化碳构成。这层大气过于稀薄，以至于火星的温室效应可以忽略不计。

稀薄的大气使得火星的温差在一天之内就达到华氏 200 度（约摄氏 111 度）。火星的赤道在正午时分有华氏 70 度（约摄氏 21 度），到了夜里又直降到华氏零下 130 度（约摄氏零下 90 度）。火星的两极是如此寒冷，连二氧化碳都冻成了固体。传统的观点认为，火星曾经富含水分，甚至还有生命，但后来火山不再喷发，行星也随之冷却，那些没有逃逸的水分则变成了深埋地下的冰冻水库。不过这个观点现在已经动摇。"火星全球勘测者号"[①] 发回的图像显示，就在不久之前，火星上似乎仍有火山活动，甚至可能有流动的水。未来几年，传统观点可能就要修改了。

---

① 火星全球勘测者号，围绕火星转动的人造卫星，1996 年发射。——译者

和火星相反，飞往金星的探测器呈现的却是一颗过热的行星。如果地球和金星都更像火星的话，它们的表面平均温度就会在华氏0度（约摄氏零下18度）上下徘徊。温室效应使火星的温度只升高了几度，使地球的温度升高了宜人的60度（约摄氏33度），而金星却足足升高了800度（约摄氏427度），这个温度足以使岩石发光、金属熔化。金星的地壳中也有火山活动和放射性，但是只和地球相当。它的超高温度另有来源，那就是失控的温室效应。金星上的二氧化碳太多，水汽太少，如果以地球作为标准，则我们可以说火星的温室效应太弱，而金星的温室效应太强。

　　金星上一度有过丰沛的水源，或许还有过生命，但是后来它们都灭绝了。我们只能猜测：大概这颗本来较冷的行星大幅升温时，水蒸气都向上漂移了，它们在上升时遭遇了阳光中的强烈紫外线，水分子都被分解成了氢和氧。在接下来的六亿年中，较轻较快的氢原子飘入了空旷的宇宙，直到那层水云完全消失。最后，新的热平衡形成了，金星的表面温度达到了现在的华氏800度（约摄氏427度）。

　　其实，行星是能够维持某种稳定状态的，至少在短时间内是如此。试想地球的温室效应增强会如何：温度升高加剧海洋蒸发，也造出更厚的云层，而更厚的云层反射阳光，又会使温度降低——这是一个自我纠正的反馈机制。生物则制造了另一个反馈机制：空气中的二氧化碳含量越高，就会有越多的二氧化碳溶解在海水之中，这会形成碳酸，再与钙结合，就形成了碳酸钙，而碳酸钙正是组成贝类动物的物质。贝类动物繁殖增加，反过来会制约二氧化碳的含量。只要这些反馈机制能维持平衡，地球就不会步金星的后尘。

　　十亿年后，加剧的太阳活动势必将地球送上一条失控的道路，并使得生命随着水汽一同消失。到那时，地球将变得和今天的金星酷似。金星、地球、火星，这三颗行星的旅程在略早于四十亿年前开始，最后金星走向烈火，火星走向寒冰。正像罗伯特·弗罗斯特[①]在他的诗作《火与冰》中写到的那样：

> 有人说世界将毁于火
>
> 有人说冰
>
> 我对欲望体味良多
>
> 故同情爱火之人
>
> 但若要毁灭两次
>
> 则我对恨也懂得够深
>
> 要论毁灭的力量
>
> 冰同样强大
>
> 且足以胜任。

十亿年后，地球必毁于烈火。当然，这样说的前提是我们到那时还没有想出使地球在太阳系中移动得稍远一些的办法，这一点我们到后面再详谈。

温室效应：历史

1750 年之前，人类对于空气所知甚少。在那之前，人们认为有一种"精密物质"或者"以太"充斥于宇宙之间。然而此后不久，由于对测量的重视以及分析化学的发展，都使得科学家重新对空气提出了疑问。1750年代，约瑟夫·布莱克（Joseph Black）发现了二氧化碳。1722 年，丹尼尔·卢瑟福（Daniel Rutherford）发现了氮气。不多年后，卡尔·舍勒

---

① 罗伯特·弗罗斯特，20 世纪美国诗人。——译者

(Carl Scheele）和约瑟夫·普利斯特里（Joseph Priestley）又发现了氧气。1871 年，亨利·卡文迪许断定空气中含有 79% 的氮气和 21% 的氧气，这和今天的数值已经相当接近了。他没有发现那 1% 的氩气，氩气的发现还要再过一百年，因为它是一种惰性气体，在化学上并不活跃。

卡文迪许是一个性情十分古怪的人。他是德文郡公爵的侄子，通过继承，最终成为了全英国最富有的男人。他过着孤独的生活，从不与人交往，只偶尔去一次皇家学会。他衣衫破旧，一辈子没结过婚，有人形容他"羞涩内向，简直到了可笑的地步……订晚餐时，他只在大厅的桌子上给仆人留一张便条。他命令女仆不能叫他看见，否则就要开除"。卡文迪许没有念完剑桥的学位，他的论文也多数不曾发表，可是他的才华还是渐渐得到了赏识。他对气体的描述很怪，将它们分为"普通空气"（空气）、"可燃空气"（氢气）、"固定空气"（二氧化碳）和"燃素空气"（氧气）。但他的这个划分是有效的，他设计出来支持这个划分的实验也是精巧的。他甚至发现，燃烧需要"燃素空气"，而如果发酵或者腐烂中产生了太多"固定空气"，火焰就会熄灭。这或许是有史以来第一次对于高浓度二氧化碳的测量记录。

最早提出温室效应的是法国大数学家让·巴普蒂斯·约瑟夫·傅立叶的一篇论文。傅立叶用了好几年时间研究热传导，并在 1822 年将他的研究写成了《热的解析理论》，这本书在后来的一百多年里始终是一部经典。书出版后没过几年，傅立叶就将眼光转向了大气层对于地球发出热量的封锁作用。他比较了空气在玻璃容器中的保温效果，也由此第一个使用了"温室"的比喻。

傅立叶的这个比喻很有用处。然而他没有深究是"普通空气"中的哪一种气体在封锁热量。将热传导和热辐射的物理学与气体化学合并研究的第一人是约翰·丁达尔（John Tyndall），他曾经为阿加西的冰川流动理论增添细节，并以此成名。1850 年代晚期，丁达尔的兴趣转向了对空气属性的系统研究。他发现氮气和氧气对于阳光的辐射及地球的反射都大体通透，而水蒸气、二氧化碳和甲烷却能吸收地球反射的红外光。丁达尔对阿加西的历史冰期理论十分熟悉，他自然想到了这些冰期是怎么来的。他猜想二氧化碳、水蒸气和甲烷浓度的变化是形成冰期的原因。他指出，是这几种气体造成了"地质学研究揭示的一切气候变化"。

从卡文迪许、傅立叶到丁达尔，人类对温室效应的理解逐渐清晰起来。下一步重大进展发生在 1890 年代，主人公是瑞典的物理化学家斯凡特·阿伦尼乌斯（Svante Arrhenius）。丁达尔提出了二氧化碳、水蒸气和甲烷可能引起全球变暖，阿伦尼乌斯则要确定它们会使全球变暖多少。他的研究动机至少有一部分和丁达尔相同，那就是弄清过去的冰期是否是温室气体浓度较低所造成的。他试着计算了二氧化碳浓度升高所引起的全球气温变化。在扣除了水汽的反馈效应之后，他算出大气中二氧化碳的浓度翻倍，全球的平均气温就会升高 10 华氏度（约摄氏 5.5度）。这个大约一百年前的结论对温室气体排放造成的全球变暖作了第一次认真的估计。但在当时，这并没有引起多少警惕，尤其是在阿伦尼乌斯的家乡瑞典。人们反而觉得变暖是一件好事，因为它能促进庄稼生长、改善人民生活。

这个观念一直维持到了 1950 年代。当时的科学家大多觉得阿伦尼乌斯对全球变暖是大大高估了，他不知道二氧化碳会被海洋的表层水吸收，并迅速与各个深度的海水混合。然而，有一个人却提出了相反的意见。他就是罗杰·雷维尔（Roger Revelle），当时在美国加州的斯克里普斯海洋研究所担任所长。他在研究中发现，海水的这种混合作用才是被大大高估的。根据雷维尔的观测，进入大气的二氧化碳有 80% 可能长期在大气中停留。他将这些二氧化碳称作是"人类第一次大规模、全球性的地球物理学实验"，并对世人敲响了警钟。

到了 1950 年代末，查尔斯·基林（Charles Keeling）开始持续检测大气中的二氧化碳浓度。基林加入了一个关心全球变暖的科学家小组。1959 年 7 月，小组的另一名成员吉尔伯特·普拉斯（Gilbert Plass）在《科学美国人》杂志上发表了一篇文章，预测全球气温将在 20 世纪末上升 3 度。杂志给文章取了一个标题：《人类每年向大气中排放数十亿吨二氧化碳，扰乱自然平衡》。

到今天，全球变暖已经升格为世界危机。联合国为此成立了一个政府间气候变化委员会，专门核查全球变暖的科学证据，评估它的威胁，每隔五年，它都要向全球公众汇报评估的结果。最近的一份报告长达千页，是 1990 年以来公布的第三份。它由 45 位专家组成的委员会执笔，再由一百多位专家审核，最后向 150 个参与报告准备工作的国家发布。

在研究了人口递增、经济发展和技术进步之后，1997 年的委员会对未来一百年内二氧化碳浓度的升幅作了三个推测。他们将目前的二氧化碳浓度 360 ppm 与 1750 年的大致浓度 277 ppm 对比。所以挑选这个年份，是因为它既是第一次工业革命的起始，又是人类第一次大规模砍伐森林的开端，而这两个事件都使得二氧化碳浓度迅速爬升。按照委员会的估计，如果情况乐观，2100 年的二氧化碳的浓度将是 450 ppm；如果情况中等，则浓度将达到 700 ppm；而最坏的估计是 954 ppm。由此推断，在未来的一百年里，全球气温将会上升华氏 2 到 6 度（约摄氏 1.1 到 3.3 度），而海平面也将上升 6 英寸到 3 英尺（约 15 至 91 厘米）的高度。

最近的一份报告计划在 2000 年底公布，它又将最坏的估值向上调整，预测在一百年内，气温将比 1990 年上升华氏 6.3 至 11 度（约摄氏 3.5 到 6.1 度）。

人人都同意全世界的二氧化碳含量正在升高，问题它会升到多高？这取决于世界人口会以多快的速度增长，还有更重要的，这些人口会以怎样的方式生活。气温升高会增加海水的蒸发，这意味着大气中会有更多吸收热量的水蒸气和更厚的云层。而云层又会反射阳光，冷却地球。

二氧化碳引起的全球变暖会融化极地雪原，但是雪原融化的地方又会长出吸收二氧化碳的森林。不过，森林反射的日光比雪原要少。更复杂的是，新近的研究显示全球变暖正在减少植物对有益碳的吸收。我们已经知道，大气中的碳会形成二氧化碳，可惜我们并不知道这些碳的位置。大约有 10 000 亿千克的碳不见了，大约占到每年被重新吸收的碳的20%。我们不知道这些碳是怎么不见的，也不知道它们去了哪里。它们可能消失在了浩瀚的西伯利亚森林，或者进入了某些还不为人知的海洋活动。这些都是一幅巨大拼图的残片，对这幅拼图的全景，我们只能看到一个模糊的轮廓。我们不知道十年后的大气中会有多少二氧化碳，更不用说一百年后了，但是根据过去的经验，未来并不乐观。

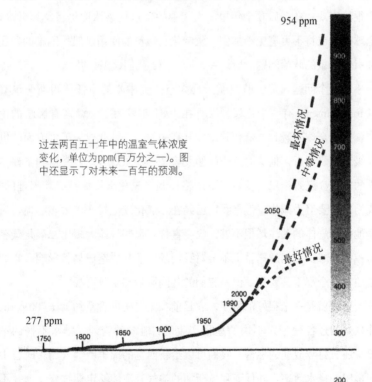

过去两百五十年中的温室气体浓度变化，单位为ppm(百万分之一)。图中还显示了对未来一百年的预测。

关于这个问题的研究数以百计，其中的大多数都是必须的、重要的。每一项研究都专注于拼图中的一小块，它们的成果也因此不太确定。要想准确地估计未来，就必须将这些小块拼合起来，找到联系，然后再推测。虽然许多未知的因素会使我们的计划变得困难，我们还是必须寻找答案。无所作为是不行的。有些模型显示，2100年的最坏情况是全球温度上升14度（约摄氏7.8度），比政府间气候变化委员会的最坏估计还要高出3度。没有人敢说这不是人类的一个严重问题。

我们该怎么办？包括煤和石油在内，我们燃烧的一切化石燃料都自然会产生二氧化碳这种副产品。在遥远的将来，我们或许可以改用核能以及新型的可再生能源，由此减少对煤和石油的依赖，但是这个目标不会很快实现。在今后几十年里，大气中的二氧化碳浓度仍将继续升高，全球变暖也将不可避免地加剧。限制化石燃料的使用显然是困难的，还会引起严重的政治问题。所以要再问一声：我们该怎么办？

对这个问题，美国航空航天局太空研究中心的主任詹姆斯·汉森（James Hansen）有一个建议。汉森在1981年发表了一篇富有影响的论文，阐述全球变暖和二氧化碳浓度升高的关系，就此成为了这方面的世界级专家。最近，他又对这个问题发表了一些乐观言论，并得到了许多人的重视。汉森指出，要在当下严格控制二氧化碳排放是极其困难的。我们当然要努力减排，但是我们已经在二氧化碳上投入了太多心血，对其他温室气体的关注却很不够。汉森宣称，那些气体大多比二氧化碳容易控制，减少它们的产量也不会对我们的生活品质造成显著影响。它们单独考察全都不甚要紧，但是它们的共同影响却十分可观。

甲烷就是一个很好的例子。它目前在大气中的含量约为1 700 ppm，并且是通过各种令人不快的途径产生的：泄漏的管线、排水不畅的稻田，还有打嗝放屁的牲畜。我们可以给新西兰的绵羊喂消气药、改善中国稻田的排水效率，并保证阿拉斯加的输气管道能够定期维修。这并不能解决问题的全部，但有一点改善也是好的。

同样重要的还有一氧化二氮，以及气雾罐或冰箱产生的氟利昂。其他的一些稀有气体，比如六氟化硫或者最近才发现的三氟甲基五氟化硫，它们在大气中的含量只有万亿分之几，这个数字看似微不足道，但是一份六氟化硫对于温室效应的作用，却相当于 24 000 份二氧化碳。这些都是稀有或者极端稀有的气体，但是它们暖化地球的威力却都十分巨大。

汉森接着强调了全球变暖的其他原因。比如煤烟，它是形成雾霾的一个重要原因，它不是气体，而是一种粉尘。1952 年 12 月 5 日至 9 日发生的伦敦烟雾事件造成了 4 000 人死亡，在那之后，英国就开始立法监管煤烟的排放，但是到今天，煤烟依然是发展中国家的一个重大污染源。还有臭氧，包含三个氧原子的它是平流层的重要成分，它飘浮在地球上方约 6 英里至 30 英里的高度（约 10 公里至 48 公里），吸收来自太阳的有害紫外辐射。然而，接近地面的臭氧却是一个世界性的问题，它也是全球变暖的一个原因。

汉森认为，有条不紊地解决二氧化碳以外的其他温室气体能为我们争取一些时间，而我们可以利用这段时间开发替代能源。然而在哈佛大学研究环境科学与公共政策的约翰·霍德伦（John Holdren）教授却认为，这个策略是错误的。"我们不应该重视这个忽略那个，而是应该两个问题一齐解决。凡是减排我们都欢迎，不管哪种气体。"他说。

全球变暖甚至未必是最值得担忧的气候问题。华莱士·布劳克，这位研究海洋传送带的先驱，曾经在《科学美国人》上讨论这个问题，他的标题是"混沌的气候"（Chaotic Climate），因为在他看来，气候一旦突破了某个界限，接下去的变化就可能是无序的。按照他的猜想，我们也许会遭遇一个类似新仙女木期的变化，届时欧洲北部的气温会急剧下降，斯堪的纳维亚的森林变成冻土，爱尔兰的绿草也将就此消失。更糟

的是，他认为这次变迁之前的闪变将会十分剧烈，破坏力可能还超过了
变迁本身。

温室效应： 政治博弈

1992 年在里约热内卢举行的地球峰会强调了二氧化碳对于温室效
应的重要作用。在会上，富裕的工业化国家主动确立目标，决定在
2000 年之前将各自的温室气体排放量限制在 1990 年的水平。1997 年的
京都会议重申了这条原则，并提出了 2008 年至 2012 年间继续减排的目
标。这些限令的最终目标是将大气中二氧化碳维持在一个稳定的浓度，
这个浓度大约是工业革命开始之前的两倍。

《京都议定书》并没有得到任何一个工业大国的批准。它规定到
2012 年，全世界的碳排放量必须比 1990 年低 5%。2000 年 11 月，京都
会议的后续会议在荷兰海牙召开。眼看碳排放量的协议就要达成，会议
却在一个问题上陷入了僵局，那就是森林是否应该算作碳汇，以抵消一
国的碳排放量。美国认为，它的森林应该算作每年吸收了 3 亿吨碳。在
最后一刻，这个数字在降到了每年 7 500 万吨，但是欧洲绿党的部长们
唯一能够接受的数字是 0。谈判就此破裂，各方各怀着怨念离开。在伦
敦帝国理工学院研究气候变化和能源政策的教授迈克尔·格拉布博士
（Dr. Michael Grubb）对媒体说道："这样一个计划的死亡，原因是一方
想要太多，一方又什么都不要，是双方合力杀死了它。"

美国的能源消耗水平举世无双，这一点令许多欧洲人愤怒。他们眼
看着美国人驾驶越来越大的汽车，美国政府却有意压低汽油价格。他们
也反感小布什总统在 2011 年 3 月的那则声明，他说美国不再支持《京
都议定书》，因为它对碳排放的约束可能伤害美国经济。有些欧洲政府
在不经意间达到了《京都议定书》的要求。比如东西德合并后，原东德

污染严重的工厂纷纷关门，由此减少了温室气体的排放。而在英国，撒切尔政府瓦解工会的策略迫使许多煤矿关门，英国就此改烧天然气，这就是所谓"向天然气冲刺"计划（dash for gas），它同样减少了温室气体的排放。

因为抗拒《京都议定书》，美国变得越来越孤立。2001 年，美国政府建议在认定全球变暖的原因之前再做研究，这实质是在对政府间气候变化委员会发难，美国国家科学院内一个由白宫任命的委员会驳斥了这个建议。这个委员会在 2001 年 6 月发布了一份报告，它一方面同意继续研究的合理性乃至必要性，另一方面也指出政府间气候变化委员会的温室效应推高温度的说法是正确的。2001 年 7 月，当各国通过了一项支持《京都议定书》的协议之后，《纽约时报》刊出了这样的头条：《178 国达成气候协议，唯有美国袖手旁观》。

除了发达国家的相互斗争之外，它们与发展中国家的分歧也日益严重，这是一场既得利益者与未得利益者之间的战斗。美国参议院全数同意西弗吉尼亚州的共和党参议员罗伯特·伯德（Robert Byrd）在 1997年提出的一项决议，即在贫穷国家按照和富裕国家相同的时间表限制排放之前，美国不会签署任何协议。在实力较弱的国家看来，这样的决议不啻是一种新的殖民主义，是经济强国阻碍弱国发展工业和技术的借口，是富裕国家维持当下经济格局的手段。由 77 个发展中国家组成的 77 国集团（包括印度、非洲各国、大多数拉丁美洲国家，以及中东和东南亚的大部分地区）反对按照和工业化国家相同的进度减排温室气体。它们认为是富裕国家制造了这个问题，所以应该由富裕国家率先解决。然而，就连 77 国集团内部也是矛盾重重：产油大国委内瑞拉、科威特和沙特阿拉伯希望石油消费继续走高，而对海平面上升十分敏感的孟加拉国却害怕石油消费造成的全球变暖会掀起巨大的洪水，淹没它低矮的海岸。僵局之内还有僵局，使得协议无法达成。

2000 年 9 月，一篇题为《平等与温室气体责任》的文章刊登在了《科学》杂志上。这个标题立刻就吸引了我的目光，而且不必讳言，吸引我目光的还有文章的八位作者之一、我的老朋友约翰·哈特（John Harte）。哈特和我是物理系的同学，在做博士后研究时又相遇了，但当时他的兴趣已经不在物理，因为他认识到对环境问题的科学研究将会变得越来越重要。他和另外几位作者在文中发表了一个重要主张：地球人对于地球的公共资源享有同等的权利。大气和海洋不属于某一个国家，我们应该平等地享用它们的财富，也要平等地承担保护它们的职责。一位美国官员在听见这个主张后说："我看这是在宣扬全球共产主义，我还以为我们已经打赢冷战了呢。"确实有人对这个权利平等的哲学抱有疑问，但是联合国海洋法公约也确立了一切深海资源共享的原则，由此推论，各个国家在保持海洋健康方面也负有共同的责任。

要达成这个资源共享、责任共担的目标，还有很多难题需要克服。从政治的角度看，它似乎是不切实际的。目前，美国人每年的人均碳排放量已经超过了 5 吨，而 50 多个发展中国家的排放量还不足 0.2 吨，仅为美国的 4%。在一个人口将会达到 100 亿的世界上，要将温室气体的浓度控制在工业革命之前的两倍不到，全球的人均碳排放量就必须限制在每年 0.3 吨。对于发达国家，这似乎是一个不可能实现的目标。但是从长远来看，这条平等的原则又是唯一合乎伦理的原则，而推动它实现的政治框架必须包含种种环境考虑，尤其是对空气、土壤和水的使用。

阳光将继续平等地洒在我们头上，它也向来如此。

第四章　极限生命

在 1750 年代，不知出于什么原因，英国海军开始将海的精灵称为"戴维·琼斯"。如果有水手死在船上，同僚就会将他裹进布里，带到船边，简短的几句祈祷之后，将他投入海中，让他在冰冷黑暗的海底、在戴维·琼斯的箱子里长眠。如果有水手淹死，那么遗体找到之后也要重新送进水里。正像罗伯特·罗威尔在《南塔基的教友派坟场》中所写的那样：

> 死尸已无血色，只有红白斑点
> 它的眼睛睁着，仿佛犹在凝望
> 眼中没有光泽，只有两道死线
> 好像破船搁浅，舷窗填满黄沙
> 我们称量遗体，为它闭上眼睛
> 然后投入大海，送回来的地方。

遗体安歇的海床往往是一片单调的平原，上面有微微起伏的小丘，连绵不绝。水下探索者辛迪·李·范多弗（Cindy Lee Van Dover）形容那仿佛是一片中西部草原。海底的任何一处都是寒冷的，在 3 000 英尺（约 914 米）以下，温度不到华氏 40 度（约摄氏 4.4 度）。最冷的地方位于两极附近，要不是因为海里有盐，海水早就结冰了。海洋的平均深度是 12 000 英尺（约 3 658 米）。海水层层叠叠，产生巨大压力——大约是地球表面大气压力的 300 倍之多。每下沉 30 英尺（约 9 米），水压就会增加一倍，这就是为什么人类最多下潜一两百英尺的原因。

除了寒冷，海底也是彻底黑暗的。阳光能够穿透上层海水，可是到了 1 000 英尺（约 305 米）以下，光线已经不够维持光合作用，植物也就无法将水和二氧化碳转化为氧气和有机物质了。在这个深度，植物停止生长，但生命并未灭绝，营养物质从生机盎然的表层徐徐降落，滋养着这里的生灵。各种有机体将食物循环回收，构成了一条连接海底与海面的链条。有些生物特地为黑暗和高压改变了形态，仗着泥泞的海床上零星的残屑维生。这些海床看起来不像是诞生伟大发现的地方，但偏偏就在这里，人类洞察了关于地球生命的起源和多样的一些精彩事实。在这里，从海床的缝隙中升腾的高温制造了一片片出人意料的环境，使生命得以复苏。由于深潜的困难，这些缝隙直到晚近才被发现，但是人类已经在其中找到了一大批令人困惑的奇异生物，它们生活在彻底的黑暗和高温之中，这高温来自大陆的漂移，也来自地球内部蕴含的巨大能量。这幅深海的画卷至今仍不完整，将它揭开一角的，是两位勇敢的探险家。

巴顿和毕比的探海球

当第一次世界大战打响，探索地球表面的伟大旅程已近结束。南北两极已经有人涉足，热带雨林已经被人横穿，就连征服喜马拉雅群峰的行动都已在进行之中。这时有两片未知领域进入了人类的视野：大气层内外的天空和海洋深处。对天空，人类已经乘坐气球探索了一阵，在莱特兄弟的试飞之后，气球又换成了机械装置。而海洋底部，这片勾起雄心与好奇的领域，虽然无人涉足，却也不曾被遗忘。19 世纪晚期，全世界的青年都在阅读凡尔纳的《海底两万里》，传奇的尼莫船长驾着鹦鹉螺号潜行大海的故事激起了他们对这片未知领域的兴致。但是到了1 500英尺（约457米）的水下，任何潜艇都有被压扁的危险。压力服与金属头盔能够帮助人类下潜，但是即便如此，人类也只能下潜一两百英尺的深度，再往下，高压空气就会变得有毒。

1920年代末，纽约人奥蒂斯·巴顿（Otis Barton）和威廉·毕比（William Beebe）开始建造一种深海探险装置。他们称之为"探海球"（bathysphere），这个名字来自希腊文中表示"深"的"bathy"。简单来说，这就是一只为深潜而设计的球体。它的直径略小于5英尺（约1.5米），由1.5英寸（约3.8厘米）厚的钢板制成，球体两侧有特别的观测舱窗，窗口嵌着两块3英寸（约7.6厘米）厚的熔凝石英。这个装置太小，要容下毕比和巴顿、两罐氧气，还有一盘吸收两人呼出二氧化碳的碱石灰，实在是有些局促。这个探海球重4 500磅（约2 041公斤），通过一根直径7/8英寸（约2.2厘米）的钢缆与一部蒸汽绞车连接。随行人员在平底船"准备号"（the Ready）上操作绞车，将球体拉起或放下。为了有光源照亮漆黑的海床，巴顿和毕比还在平底船与球体之间的钢缆旁接了一根软管，里面套着一根电线和一根电话线。这个颇为原始的设计为探海球带来了电力，使它能用一盏250瓦特的探照灯照亮舱窗的外面。电话线则使得毕比和巴顿能与水面通话。

1930年6月，探海球潜到了1 400英尺（约427米）的深度。到1934年，毕比和巴顿已经潜到了破纪录的3 028英尺（约923米），这是他们的钢缆和绞车能够到达的最大深度。借着昏暗的探照灯，他们看见了许多奇异的生物。但是他们偶尔会头脑发热，分不清真实与幻想，把实际见到的和自认为见到的东西混为一谈。毕比算是一个主持人，曾经用那根电话线向全国广播公司直播过海底实况。他在1934年出版的《半英里之下》（*Half Mile Down*）中描写了"深渊里的七彩雀鳝，长着

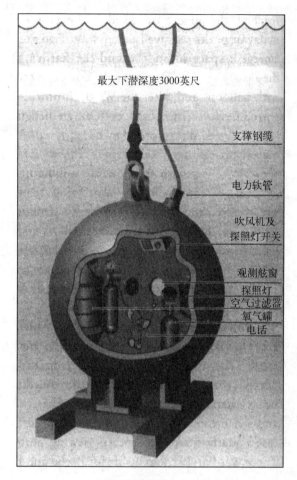

最大下潜深度3000英尺

支撑钢缆

电力软管

吹风机及
探照灯开关

观测舷窗
探照灯
空气过滤器
氧气罐
电话

探海球内部图示

剑齿的蝰鱼……尾部闪闪发光的蛇龙鱼，还有喷射烈火的海虾"。这些
动人心魄的报告引诱更多人走上了探索海床的道路。

下一位深海先驱是热衷冒险的瑞士物理学家奥古斯特·皮卡德
（Auguste Piccard）。渴望研究宇宙射线（从宇宙到达地球的特殊射线，
在穿过大气层时强度变弱，因此要登高观察）的他先是乘上一只氢气

球，向高处进发，并在 1932 年飞到了破纪录的 55 800 英尺（约 17 008 米）。接着他又调转方向，想到了潜入大洋底部。他意识到毕比和巴顿的钢球性能有限，于是另外构想了一部类似气球的装置，它靠释放一种轻质液体下沉，扔掉了压舱物就能上升，这样就不用借助钢缆和绞车了。接着他就开始设计这种向下运动的气球，他称之为"深潜船"（bathyscaph）。

因为第二次世界大战的干扰，皮卡德的深潜船用了十五年时间才做好下潜的准备。那是探海球的扩大版，主体是一个直径 7 英尺（约 2.1 米）的钢球，球体壁厚 3 英寸（约 7.6 厘米），舷窗上嵌着 6 英寸（约 15.2 厘米）厚的树脂玻璃。它的乘客仍然只有两名，但是和探海球不同的是，它连接着一个 15 英尺（约 4.6 米）长的浮力罐，里面盛着汽油，用来在下潜时提供浮力。实际上，这只浮力罐相当于一只氢气球，它负责将观察舱从海床上提起，就像气球将吊篮从地面上提起一样。上浮时，深潜船只需扔掉作为压舱物的几个小铁球即可。1953 年 9 月底，已经七十岁的皮卡德和儿子雅克一同乘坐深潜船"的里雅斯特一号"（Trieste I）潜到了地中海底，深度超过 10 000 英尺（3 048 米）。七年之后，雅克·皮卡德和美国海军上尉唐纳德·沃尔什（Don Walsh）驾驶"的里雅斯特二号"（Trieste II）在关岛附近的马里亚纳海沟下潜，他们潜到了海沟的最底部，深度 35 800 英尺（约 10 912 米），相当于海洋中的珠穆朗玛峰。

早期的潜水壮举主要是为满足探险精神，但是到 1960 年代，潜水开始有了研究海床的目的。在那之前约五十年，阿尔弗雷德·魏格纳（Alfred Wegener）有感于南美洲东岸的轮廓与非洲西岸正好重合，于是提出了它们曾经是一体的主张。他接着对这个想法加以扩展，提出了现在称为"大陆漂移"的学说。他在地图上将各个大洲重新组合，并发现了某一块大洲上的山脉与另一块上的正好可以对接。他这样说道："这就好像是在把一张撕碎的报纸重新组合，然后检查拼合处的印刷线条能否衔接一样。如果能够，那就只能说明这些碎片在以前的确是这样连接的。"经过这样的裁剪粘贴，魏格纳得出了一个结论：所有大洲都曾是一块古代大陆的部分，他将这块大陆称为"盘古大陆"（Pangaea）。

由于缺少一个描述大陆运动的可信机制，魏格纳的理论起初并不为人所接受。但是现在，人们已经认识到他是对的。今天的我们知道，驱使这些运动的能量是地球内部的热量，这股热量十分强大，几乎将深埋在地壳底部的岩层熔成了液体。从地面往下 50 英里（约 80 公里），温度达到华氏 2 000 度（约摄氏 1 093 度），这样的热量足以创造火山，也足以推动大陆和海床的移动。从火山中，我们可以见识到热量和高温对岩石的作用，然而火山的气势虽然惊人，它所呈现的热量却远远不能和整个地壳的运动相比。

我们这颗行星的最外层厚度在 40 英里至 70 英里（约 64 公里至 113 公里）之间，它包含了七个巨大的板块，中间还挤着二十来个较小的板块。这些板块的下面是更厚的灼热岩层，它们处于半熔化状态，沿着巨大的环路流动不息，先是上升，接着与地面平行，继而冷却，最后下沉，然后再重新上升。这些半熔的岩石在滑行时会带着背上的板块一起移动。从地质学的角度看，板块的中央地带是相当平静的，活跃的是它们的边缘，两个板块在这里碰撞或是分裂，打开了一扇通向地球深处的视窗。

当两个板块相互挤压，或者一块滑到了另一块的下方，将对方顶到了自己背上，山脉就形成了。山脉也会在板块分离的时候形成，这时候，半熔的岩浆从地球深处涌出、填补裂缝，当这些岩浆冷却凝结之后，就形成了山脊。裂缝有时会在坚固的地面上产生，从而在地壳的表层撕开一道缺口，东非大裂谷就是一个例子。

最壮观的裂谷出现在海床扩张的时候。它们有着独特的结构，形如

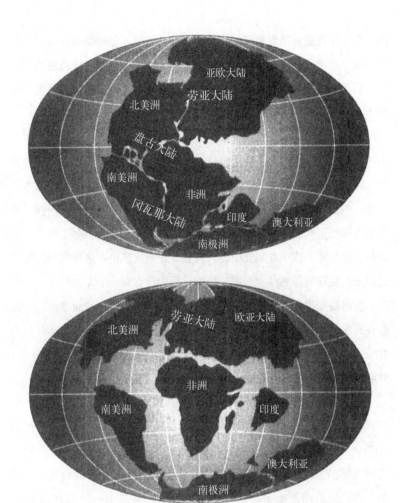

　　由板块构造运动塑造的大洲。这两幅图显示了板块在2亿年前（上图）到1亿年前（下图）的运动。

　　一道长长的山脉，长可超过1 000英里（约1 609公里），高可越过1英里（约1.6公里）。裂谷就出现在这道山脉的中央，山脉以它为中线朝两边对称地移动，每年移动1英寸（2.54厘米）多。这样的结构有两个特别显著的例子，一个在太平洋，一个在大西洋。前者始于加州外海，在太平洋底一路延伸到加拉帕戈斯群岛附近，然后继续向南，再折向西面，在澳大利亚和南极洲之间继续伸展，最后与印度洋底的山脊汇合。后者是大西洋中脊，它主要向南，从格陵兰延伸到南美洲最南的尖角下方。

这些洋中脊一般都在海面以下 5 000 到 10 000 英尺（约 1 524 米到 3 048 米），这个深度无法乘潜艇研究，而深潜船不易驾驶，也不适合探索。直到 1960 年代，人们才运用新的技术造出了一种易于驾驶的水下装置，叫做"深潜器"（submersible）。就像深潜船模仿探海球一样，深潜器也模仿了深潜船，但是相比深潜船，它有两个重大改进：第一，它去掉了浮力罐，改成在船壳中注入大量复合泡沫塑料，这种材料既轻巧又耐压，是深潜器的浮力来源。第二，因为没有和一个庞大的浮力罐连接，深潜器变得很容易驾驶。它的尾部有一只螺旋桨，侧面有两只，能够在海床上自由地移动、观察和探索。它还有一个深潜船所没有的装置——一条可以遥控的钳臂，能用来抓握物体。它在海底看见了什么，就能开过去将它抓起，然后带上水面。

第一部深潜器是 1964 年 6 月在美国麻省的伍兹霍尔命名的，叫"阿尔文号"（Alvin）。主持研发的是可敬的地球物理学家阿伦·瓦因（Allyn Vine），"阿尔文"就是他姓名的缩写。阿尔文号的研发得到了美国海军的资助，命名后不久，它就向海军证明了自己的价值：1966 年，西班牙近海发生了一次空中加油事故，一架 B‑52 轰炸机在空中断成两截，机组跳伞逃生，机身掉进了大海。（然而加油机上的人员就没那么幸运了。）这架 B‑52 的残骸上载有四枚氢弹，幸好都没有安装引爆装置。其中有三枚落在海边的陆地上，很快就被回收，第四枚却掉进了 2 500 英尺（762 米）的海底。恐慌情绪在西班牙南部蔓延开来，阿尔文号也运到了现场。它下潜了二十次，终于找到了那枚氢弹。三十多年后的今天，这匹水下探险的驮马依旧每年下潜一百五十余次。它始终得到科学界的感激，并不断描绘着激动人心的海底新图像。

1970年代，引领深海探索的两个国家是法国和美国。当时两国联合发起了"法摩斯"（FAMOUS）计划，也就是"法美联合大洋中部海底研究"计划。法国有深潜器"西安纳号"（Cyana），美国有阿尔文号。这次联合行动的目的是研究洋中脊和海沟，前者是海底的山脉、后者是板块分离时在地球表面形成的缝隙。1974年，两支队伍开始探索中大西洋海沟，它的平均深度接近10 000英尺（3 048米）。阿尔文号的设计潜水深度只有6 000英尺（约1 829米），但是一层新的钛金属外壳使它能够潜到原来的两倍深度，得以在海沟中从容行驶。

大西洋中部的板块每年分裂大约1英寸（2.54厘米），为下方涌出的热量打开了一道门户。然而在70年代中期的最初几次考察中，潜水者却感到了困惑，因为海沟附近的水温比他们预料的要低一些。他们原以为能在那里见到几座间歇泉，实际却一座都没见到。

烤蛤一区：深海热泉

1975年，研究者计划用阿尔文号探索一条海沟，它位于厄瓜多尔以西约400英里（约644公里），在加拉帕戈斯群岛附近。那是太平洋中脊在东部的一条分支，海沟所在的地方正好有两个分裂中的板块，科科斯板块（Cocos）和纳斯卡板块（Nazca）。和大西洋中脊的那些板块相比，这两个板块的分裂相当迅速，因此很有希望找到深海热泉。1976年，研究者在那一带的海水中记录到了异常高温。一部水下摄像机拍到了一堆蛤壳，就好像是一顿大餐之后被人从船上扔进海里似的，这片潜水区域因此被称作"烤蛤一区"（Clambake I）。

1977年2月，阿尔文号首次在这条海沟上方下潜。刚开始，海下

深海中的阿尔文号

的地形和它在大西洋中部遇到的没有多少不同，也是一片寸草不生的火山岩。但是随着它接近烤蛤一区，水温却升到了华氏 60 度（约摄氏 16 度），海水里也忽然涌现出了大量生命。鲍勃·巴拉德（Bob Ballard）是伍兹霍尔海洋探索中心的前主任，他当时就在支援船"璐璐号"（Lulu）上；而阿尔文号的船长杰克·唐纳利（Jack Donnelly）则带着两名船员杰克·科利斯（Jack Corliss）和杰里·凡安德尔（Jerry Van Andel）潜在水下。巴拉德这样形容了当时的情景：

科利斯的眼前出现了几只海蚌，那都是巨大的品种，体长达到 1 英尺（0.3 米），有的更长。然而精彩的还在后面。他和凡安德尔惊讶地望着各种虾、蟹、鱼以及龙虾般的小动物游过舷窗。科利斯认出了一种苍白色的海葵，但是长在海床上的那些怪东西，他就认不出了。它们有的像蒲公英，有的像是吸附在岩石上的软虫子。

那些"软虫子"是一簇簇大型管虫，最大的能长到 10 英尺（约 3 米）。那些"蒲公英"则是一种水母。探险队没有料到会在海沟里找到生物，因此没有带生物学家同行。他们也没有携带保存生物样品的液体，只能急中生智，在舱里随便找了点酒代替。就这样，几个头脑清醒但情绪亢奋的船员将这些"怪东西"泡在伏特加里带回了伍兹霍尔。

这次加拉帕戈斯海沟的潜行证明了海底的裂缝中确实有热泉涌出。最初几次下潜时，阿尔文号记录到的最高水温是华氏 73 度（约摄氏 23 度）。但海床上的矿物沉积显示，附近一定有远远超过这个温度的热水，因为地下的矿物不会在华氏 73 度上就溶解。

到 1979 年，热水找到了。当时，伍兹霍尔的一队人马将阿尔文号开到了墨西哥湾附近一处 9 000 英尺（约 2 743 米）的海沟上方。这一次他们带上了生物学家。这里的海床沿着海沟迅速开裂，说明这是寻找热泉的理想场所，它们的温度说不定要比加拉帕戈斯的那些更高。当年 4 月底，阿尔文号第一次在这里下潜。它在海底摸索着前行，忽然撞进了一小团黑色的烟雾。它随即被上升的水流裹挟，并撞上一根从海床上升起 30 英尺（约 9 米）的烟囱。当时的船长是达德利·福斯特（Dudley Foster），他稳住了阿尔文号，重新朝那根烟囱开去，这一次十分小心。

这根烟囱似乎由某种柔软的火山材料构成，福斯特透过它表面的裂口，看出了它是中空的，在阿尔文号探照灯的照射下，那里面闪闪发光，似乎布满了晶体。随着烟囱越来越近，阿尔文号外壳上记录到的温度也节节升高。等驶到近旁时，福斯特遥控钳臂，将一支温度计通过裂口送进了烟囱内部。这支温度计原本是为加拉帕戈斯的下潜准备的，最高能测出 90 度，然而一送进烟囱，它的读数立刻冲到了顶点。船员以为它出了故障或者是撞碎了，于是在上浮之后对它做了检查。他们发现温度计的塑料把手已经熔化，剩下的部分也烧焦了。他们赶紧查阅参考书，查到塑料的熔点是华氏 356 度（摄氏 180 度）。

第二天，越来越兴奋的船员准备再次下潜。鲍勃·巴拉德和法摩斯计划的另一位领队让·费朗舍托（Jean Francheteau）驾着阿尔文号潜到了同一片海床。他们在那里看见了好几道裂隙，有的喷出黑烟，有的喷出白烟。小心驶近之后，他们用一支特制的温度计测起了水温。温度计刚送进烟囱，读数就像前一天那样蹿升，这一次不可能是故障了。几次测量之后，他们确信温度计一切正常，它测出的最高读数是华氏 662 度（摄氏 350 度）。费朗舍托后来形容说，这些裂隙"仿佛和地狱相连"。

今天，我们将这些深海热泉简称作"海底烟囱"（Smokers）。在当时，它们的发现具有重大意义。首先，它们解释了大洋底部何以会出现大量出人意料的矿产：是灼热的水流在巨大的压力之下，将它们从地下深处的矿脉带到了表面，并从那些热泉中喷射出来的。

典型的海底烟囱在形成之初是一条由富含硫质的酸性水构成的热流。然后，多孔而易碎的硫酸钙开始从海水中析出，它们在喷口周围逐渐堆积成烟囱，并将其中喷出的热水与周围的冷水隔离。这些烟囱的生长速度大约是每天 1 英尺（约 0.3 米），最高可以长到 50 英尺（约 15 米）。它们形态各异，表面分布矿苗，偶尔还会长出球根状的结构，如同蜂窝。有的烟囱只在顶部有一个喷口，有的则浑身遍布喷口，每一个喷口都只有几英寸直径。喷口处的热水和 1 英寸（2.54 厘米）之遥的海水，温度可以相差华氏 600 度（约摄氏 333 度）。短短 1 英寸距离，却呈现了地球上自然形成的最大温差。

到今天，人们已经在烤蛤一区之外又发现了许多深海热泉，随手一数，就有"玫瑰园"、"彩虹"、"蛇穴"、"断马刺"、"好彩头"、"自由女神"等等。在一片 400 英尺（约 122 米）见方的区域，就可能有超过 100 根海底烟囱，每一根的表面都镶嵌着铜、铁、锰、锌等微小的金属晶体。在海底烟囱发现之后二十年，已经有人提出在其中收集金属的商业计划了。1997 年底，一家澳大利亚公司赢得了巴布亚新几内亚沿岸近 2 000 平方英里（约 5 180 平方公里）海底火山的开采权。初步勘测显示了那一带富含矿藏，其中铜占到 15%，锌更多，还有储量可观的金和银。如果能全部开采，它们的价值估计将达到数十亿美元。这当然是一个沉重的"如果"，因为它又一次将矿主的财富和环境的利益对立了起来。

深潜器阿尔文号正缓缓接近"哥斯拉"，那是一座高 150 英尺（约 46 米）的海底烟囱，位于胡安·德富卡洋脊。图中的阿尔文号作了等比例缩小。

　　深海热泉的发现很受科学家的欢迎，因为这与他们的一系列观念恰好吻合，比如板块运动、海床扩张、炙热的地下熔岩室，以及与之相伴的火山活动的一切特征。这些活动的剧烈程度或许使人惊讶，但它们的一般特征却仍在意料之中。不过，在这些热泉中发现的生命，无论就质量还是数量而言，都使科学界大吃一惊。在这些热泉发现之前，多细胞生物耐热纪录的保持者是撒哈拉沙漠的一种蚁类，它能在华氏130度（约摄氏54度）的高温下生存。而这些生活在水下极端环境中的动物，却能够忍受五倍于此的高温。人类此前所知的一切生态系统，即便是海底的那些，都最终要仰赖光合作用制造营养，然而这些生活在深海热泉周围的怪物，却似乎找到了另一种获取营养的方法。正像生物学家辛迪·李·范多弗所说："和铺满松软沉积物的典型深海相比，我们很难想到有什么比这些充满生机的海底热泉更奇怪的环境了。"

自从人类第一次在加拉帕戈斯海沟下潜，二十年来已经在深海热泉附近发现了500多种生物。其中一些与已知的物种相似，但也有一些截然不同、令人惊叹。鲍勃·巴拉德这样形容了在海底裂隙中聚集的那些长10英尺（约3米）的管虫：

它们露出红色的身体末端吸收氧气和其他无机化合物，那些末端从管子里伸出，样子有点像是头部，但其实却更接近鱼鳃。红色的尖端上布满一片片扁平的东西，每一片上都有成百上千条微小的触须。

这种管虫在出生后三年之内长到最大，再过两年左右开始繁殖。它们的寿命只有短短几年，有的会因为热泉停止喷发而自然死亡，还有的会被海床分裂时涌出的岩浆吞没。就像地面上的火山喷发，深海热泉的寿命也不长久，可能只有几年而已。一旦它们终结，它们哺育的生命也将随之而去。

管虫虽然在1977年才被人"发现"，但并不是什么新的物种。它的学名叫 *Riftia pachyptila*，其中的 *Riftia* 指出了它生活在海床上的缝隙（rift）里。管虫的化石往往很难辨认，但是1983年，当地球化学家瑞秋·海曼（Rachel Hayman）和兰迪·科斯基（Randy Koski）在考察阿拉伯半岛的一座旧铜矿时，他们一眼就认出了面前的那块 10 英尺（约 3米）长的蠕虫化石。沉积铜加上 10 英尺的蠕虫，这是深海热泉的标志。由此可见，今天的这座铜矿曾经位于大洋的海底。板块可以在既有的大陆底部分裂，将上方的陆地撕开，红海、亚丁湾和东非大裂谷都是在这样的分裂中形成的。阿拉伯半岛上的这座铜矿在地质上向来都很活跃。因此，陆地可以变成海洋，海洋也可以变成陆地。九千五百万年前，这些化石都曾是活的动物，就像阿尔文号的船员在 1977 年初次见到的那样。

还有一种新近发现的动物，名叫 Alvinella pompejana，它们在炼狱般的环境中过着朝不保夕的生活，在吸附于海底烟囱内壁的一根小管子中进进出出。学名中的 Alvinella 提醒我们它是阿尔文号发现的，pompejana 指的则是著名的庞贝古城，它坐落于维苏威火山脚下，在公元前 79 年的一次喷发中被忽然降临的热火山灰掩埋。这种俗称为"庞贝蠕虫"（Pompeii worms）的动物在海床上射出的炙热水流边缘生活，身上常常结了一层海水中析出的矿物质颗粒，就好像覆盖在火山灰中的庞贝市民。它们的身长仅 4 英寸（10 厘米），但是因为太接近热水激流，身体的各部分居然也有了温差。使用一支特别设计的温度计，克雷格·凯利（Craig Carey）和同事发现这种蠕虫的尾部常常浸泡在华氏 170 度（约摄氏 77 度）的热水中，而它们的头部则比这低了大约华氏 100 度（约摄氏 56 度）。这个温差的作用相当于一根被动的热虹吸管，将较冷的海水吸进了蠕虫藏身的那根管道，顺便把营养物质也带了进来。庞贝蠕虫已经完全适应了周围这个炼狱般的环境。

管虫和庞贝蠕虫的共性是什么？肯定不是它们的体型：它们一个有 10 英尺长，一个才 4 英寸长。它们的身体结构也不一样。庞贝蠕虫具有完全发育的消化道和鳃，还有广泛分布的血液循环系统，而管虫却没有嘴和消化系统。不过，它们都演化出了与同类比邻而居、承受高温，并在这些奇妙的深海热泉周围生活的能力。它们也都在体内容纳了各种大小、形状和功能的细菌，只是这些细菌的大小与宿主并不相称：庞贝蠕虫体内的丝状细菌比管虫体内的要长一百倍。

这些细菌是宿主身体的重要组成部分。要理解管虫的生存，就必须考虑它与细菌的共生关系，因为正是细菌给它带来了养料。庞贝蠕虫的情况没有这么明显，但是它对体内的细菌同样倚重。要解开深海热泉孕育生命的奥秘，就不得不提到一类几乎与热泉同时被发现的东西，那就是对高温有着极强忍耐力的细菌。这些细菌被称作"嗜热菌"（thermophiles），它们在热泉附近出没，往往和较大的嗜热生物共生，它们负责提供营养，并将有毒的海水改造成宿主能够适应的环境。

一腔热血

生活在深海热泉周围的管虫显然是一种出人意料的生物，它们体内的细菌也是如此。以这些热泉的高温，它们本来都该被烫死的——烹饪肉类和家禽时加热到华氏 160 度（约摄氏 71 度），就是为了杀死细菌。现代微生物学及病原菌学说的创始人路易·巴斯德也一再强调了高温消毒的重要。他证明了食物变质的原因来自外界的微生物，而非食物自身，并进而证明了高温能够预防腐败。巴斯德的信条是"科学不分理论与应用，科学无非就是理论以及理论的应用"。为实践这个信条，他用文章、配图和照片展示了用加热保存葡萄酒、啤酒、牛奶、奶酪和苹果酒的方法。他还参与设计了一种消毒装置，能以低廉的成本大量加热液体。他的名字和著作已经因为"巴氏消毒法"这个常用词而不朽。可是，那些深海热泉附近的细菌，却能在华氏 170 度（约摄氏 77 度）甚至更高的温度中繁衍生息，这又说明了什么呢？

生活在海底烟囱上的那些嗜热微生物，在陆地上的热泉中也有一些近亲。这些陆地热泉在许多方面都与海底热泉相似。水分只要向下渗入熔岩，就有可能沸腾着回到地面，形成溪流或是间歇泉。具体形成什么取决于地面有什么开口，那开口可能是一方火山口，也可能只是一个小洞。地壳上或许有细缝，或许有阔口，或许位于海床，或许位于山巅；喷出的东西或许是岩浆，又或许是蒸汽。当地下的热气从海床或地面涌出，结果就会形成地质学家所谓的"热点"（hot spot）。

我们十分熟悉的一个"热点"是怀俄明州黄石国家公园的"忠实泉"（Old Faithful）。1960 年代，托马斯·布罗克（Thomas Brock）等人对黄石公园热泉中的微生物做了一项长期研究，并发现了一种能在华氏 160 度（约摄氏 71 度）的高温中活动的新细菌。他们称之为"水生栖热菌"（Thermus aquaticus）。就是布罗克的研究组发明了"嗜热菌"一说，以区别于"正常"种类的细菌。要归入这个成员或许很少的新类型，生物就必须耐受华氏 150 度（约摄氏 66 度）的高温。

科学家本来并不指望能在地面上发现多少嗜热菌，更不用说是在海底了。然而就在确认了水生栖热菌之后，同一组人马又在一处华氏 185 度（摄氏 85 度）的酸性热泉中找到了一种"硫化叶菌"（*Sulfolobus acidocaldarius*）。为了和之前发现的嗜热菌区分，他们又创造了"超嗜热菌"（hyperthermophile）的说法。这使得布罗克想到：生物对热的耐受限度在哪里？今后会不会再出现"超超嗜热菌"？要使生物彻底灭绝，到底需要多高的温度才行？

在太阳系的任何角落、乃至在宇宙的任何角落，生命的存在都有三个必要条件：第一，要有能源驱动生命所需的化学反应；第二，要有有机分子承载遗传信息；第三，要有水。其中液态水是一个不可或缺的条件，因为水是化学物质的溶液，也是化学反应的媒体。（其他液体，例如甲烷和氨水，也不时进入科学家的视野，或许在某些特殊环境中，这些液体确能孕育生命，但是就我们目前所知，液态水还是不可替代的。）

液态水为生物的内部环境设置了确切的温度范围：最高华氏 212 度（摄氏 100 度），最低华氏 32 度（摄氏 0 度）。这个范围并非一成不变，因为盐分能降低水的冰点，压力又能提高水的沸点，但是这样的高低变化并没有多少余地。当温度接近华氏 200 度（约摄氏 93 度）时，组成蛋白的氨基酸就开始变形，整个遗传机制也跟着瓦解。因此，就算没有水沸腾时的干扰，华氏 212 度也是生物存活的一个合理上限。

在海底烟囱的管壁上生活的那些细菌，似乎正好处于热学上的一道生死边界。目前在细菌中保持耐高温纪录的是"延胡酸索火叶菌"（*Pyrolobus fumarii*），它在华氏 230 度（摄氏 110 度）发育得最好，当温度降到了华氏 195 度（约摄氏 91 度）就无法繁殖。落后不远的是激烈火球菌（*Pyrococcus furiosus*），它在含氧环境中无法生长、喜欢硫、在华氏 210 度（约摄氏 99 度）繁殖最佳。这类生物在三十年前还是无法想象的，然而它们确实存在，它们利用深海中因为压力而高于 212 度的沸点，狡猾地生存着。意外到这里还没有结束。有人已经提出，在地面以下生活的超嗜热菌规模超乎想象，它们的数量或许和地面上的细菌总量相当。超嗜热菌已经拓展了我们对于地面生物的认识。如果继续挖掘，深入地球核心，我们的眼界或将更加开阔。这些细菌可能掌握着关于生命起源的诸多秘密，它们或许还能告诉我们，在地球的环境还十分严苛的时候，它们是如何存活下来的。

在比较世俗的层面上，嗜热菌已经成为了一个迅速成长、价值数十亿美元的巨大产业，其应用包括复杂的化学品生产和日常的衣物洗涤剂。它们独特的效果来自它们独特的酶，能够激活并促进复杂的化学反应。

普通的酶常会在极端条件下分解，比如极高的温度。然而嗜热菌体内的酶却不受这个限制。举例来说，生物技术要求对极少量 DNA 进行大规模的精确复制。这是一个包含许多步骤的过程，先要分开 DNA 双链、分别复制，然后重新组装，做出成品。这些步骤要在不同的温度中快速进行，有些需要相当高的温度，比如 DNA 双链的拆解就需要华氏 200 度（约摄氏 93 度）。这个精密的机制需要催化剂的参与，才能使整个过程顺利进行，而这个催化剂就是能在高温下发挥作用的酶。目前，在迅速成长的生物技术产业中最得宠的要数"Tag 聚合酶"（Taq polymerase），其中的"Taq"指的正是水生栖热菌（*Thermus aquaticus*），也就是在 60 年代开启整个嗜热菌领域的那种生物。正如巴斯德教导我们的那样：昨天的发现就是今天的工具，可以用来在明天发现更多。

我之前主要介绍了嗜热菌，因为在各种生存于极端条件之下的细菌中，人类对它们的了解是最多的。可是除此之外，我们也不要忽略了生命的那条更加冷酷的界限：华氏 32 度（摄氏 0 度）。生活在这条界限附近的细菌称为"嗜冷菌"（psychrophiles），它们在一切环境允许的地方栖息着——在冰冷的大洋里，在雪地边缘的水滴中。它们在冰成岩上讨生活，或在微弱的阳光中群聚，它们有时会降低繁殖速度，以适应更冷的环境。比如有一种 *Bacillus infernus* 生活在地面以下 1 英里（1.6 公里）的裸露岩石上，一年才分裂一次，这和普通细菌每小时分裂一次的效率自不能相提并论，但它至少活了下来。在华氏 32 度的界限之下，还有微生物在寻找每一个生存的机会，它们有些能在接近华氏 0 度（约摄氏零下 18 度）的地方生存，但再低就不行了——不，我不应该说"生存"，而应该说"活跃"，因为说到生存，微生物即使在接近零下 400 度（约摄氏零下 240 度）的液氮中仍能保存。较大的生物是无法做到这一点的，因为一旦温度过低，它们细胞中的水分就会结成冰晶，将细胞膜撕裂。

在酸性极强的环境中生存的细菌也是一个有趣的研究领域。而且，从这些嗜酸菌（acidophiles）体内取得的酶已经开始作为食品添加剂，用来使牛的饲料更易消化。奶牛的胃部是这些酶的有利环境。

无论何种生物，能够忍耐的温度范围都取决于它的生存机制，也就是它体内的化学反应停止运作的温度。身为人类，我们耐受的温度范围在华氏 98.6 度（摄氏 37 度）上下移动，超过了华氏 106 度（约摄氏 41 度），我们的机能就要紊乱，就算刚好在这个温度上，我们也只能生存一小段时间。然而，要说明人类的生命为什么会止于 106 度，却并非易事。维管植物过了华氏 120 度（约摄氏 49 度）就无法生存，但是它们的生命之源——光合作用，却要到华氏 170 度（约摄氏 77 度）才会终止。相比之下，超嗜热菌却能在水保持液态的整个温度范围内生存，也就是华氏 32 度到华氏 212 度（摄氏 0 度到 100 度）。

这使人不由发问：到底是何种产生能量的机制使得嗜热菌能够在这样一个没有阳光、充满毒性，且温度超高的环境中存活下来的？实际上，它们不仅存活了下来，还制造出营养物质养活了 10 英尺长的管虫。在这样一个"和地狱相连"的世界里，生命得以出现的秘密是什么呢？这个问题的第一条线索在阿尔文号首次潜入烤蛤一区之后就立即出现了。就在船员分析海水样本时，"璐璐号"上漫起了一股臭鸡蛋和下水道所特有的气息。这显然说明样本中富含硫化氢。这下子就有两个疑问了：一、在 10 000 英尺（3 048 米）以下的漆黑海床上为什么会有如此丰富的生命？二、既然四周充斥着大量能够杀死大多数生物的化学物质，这些生命又是如何生存下来的？

植物借由光合作用将简单的有机分子制造成复杂的有机分子。它们以光照作为能源，混合水和二氧化碳，并从中制作出了氧气和碳水化合物。接着动物吸进氧气、吃下碳水化合物，生命于是欣欣向荣。相比之下，海底烟囱附近的那些嗜热菌找到了一个全新的机制并加以利用，同样孕育出了勃勃生机。它们从有毒的硫化氢中分解出硫原子，将它们与二氧化碳、氧气和水混合，再将硫原子与氧原子结合成硫酸盐而获得能量。然后，这些细菌再利用这部分能量制造碳水化合物。简言之，从硫化物到硫酸盐的转化，代替阳光成为了细菌的能源；在这些深海热泉周围，化合作用替代光合作用，成为了生命的支柱。两者相比，光合作用不但需要光线，而且到了华氏 170 度（约摄氏 77 度）就会终止，而化合作用在那些海底裂隙的高温中也完全能够进行。

这种生命的新能源使人想到了几个非常重要的问题，它们或许会影响所有动物的将来。过去几十年中，研究者对一种可能的前景展开了大量讨论：假如太阳长期黯淡，生命将何去何从？太阳黯淡的原因有许多，可能是自然因素，比如大块陨石撞上地球、在大气层中扬起尘幕；也可能是人类造成的灾难，比如所谓的"核冬天"①。无论是什么原因，没有了阳光，生命都将终结……果真如此吗？现在看来，只要有化合作用的支持，生命就仍然可能在深海热泉中保存，甚至当阳光再度照耀，它们还可能在陆地上重现。

所有的思考都指向了同一个结论：当气候危机来临，嗜热菌或许会成为生命的火种，无论过去将来，都是如此。深海热泉可以保存生命，最极端的一个例子发生在"雪球地球"期间。

雪球地球

生命的活力可以超乎人的想象。1883 年 8 月发生了近代史上最剧烈的一次火山喷发，地点在爪哇群岛以西 30 英里（约 48 公里）的一座岛屿，名叫"喀拉喀托"（Krakatau）。当时，6 立方英里（约 25 立方公里）的岩石从火山口射出，飞入大气。海啸激起巨浪，在爪哇和苏门答

---

① 核冬天，指大规模核战后大量烟尘进入大气遮蔽阳光的假想。——译者

腊群岛造成了 3 万多人死亡，有些浪花的速度达到了每小时 100 英里（约 160 公里）。火山发出的巨响一直传到澳大利亚，显示了地球内部的强大热能。尘埃遮蔽了日光，整个世界因此冷却了五年。爆发后的喀拉喀托岛只剩下了一小块火山灰凝结而成的黑瘤。为了纪念这次剧变，附近的居民将岛屿名字中的"k"和"u"去掉，改成了"拉喀塔"（Rakata）岛。

喷发过去九个月后，一支法国探险队在拉喀塔岛上发现了一种活的蜘蛛。五年之后，岛上又出现了年轻的树木、青草、蝴蝶，甚至蜥蜴。岛屿的残骸重新焕发了生机，只是栖息在上面的生物已经不是喷发前的那些了。

无论有没有这样一场劫难，物种都会按照达尔文的伟大发现——自然选择的机制演化下去。但是自然灾害能够改变生物的栖息地，从而促进自然选择。岛屿，尤其是与周围陆地相距遥远的岛屿，都是研究演化机制的理想场所，因为它们的处境相对封闭、不受外界干扰。这些岛屿不必太大，甚至不必露在水面上——位于烤蛤一区或玫瑰园的海底火山就有着自己的水下群岛，坐落在微型火山上方。局部的气候变化在一个封闭区域激起了变异，也形成了一座座有趣的生态学实验室。

有孔虫是一类数量众多的微生物，在海洋底部生活，过去几亿年的化石记录里一直有它们的身影。然而五千五百万年前，在不到一万年的时间里，有孔虫门中超过一半的物种却忽然灭绝了。有证据指出，它们都是因为水温升高窒息而死的。现在回顾，它们灭绝的原因（这只是一种可能）就像一则侦探故事。

这个故事要从有孔虫产生之前很久开始说起，它的嫌犯也出乎人们的意料。在地球上最早的生物中间有一种单细胞的"产甲烷菌"（methanogens），它们将氢气和二氧化碳转化成水和甲烷，并由此在早期地球的无氧大气中注入了丰富的氧气。它们极大地影响了地球的古代气候，也促进了地球上形形色色生命的诞生。几十亿年中，无处不在的产甲烷菌总共制造了 15 万亿吨甲烷，现在都埋藏在深深的海床之下。大约五千五百万年前，也许是受到洋流的影响，海底的水分骤然变暖，并将一些甲烷释放到了大气中间。甲烷的温室效应是二氧化碳的 30 倍，一旦释放出来，就更加剧了大气的暖化。

也许是地球的反馈机制来不及反应，这次升温的势头没有终止。更多甲烷释放了出来，引发了失控的温室效应。在接下来的一万年中，总共有 1 万亿吨甲烷、也就是海底甲烷总量的 7% 进入了大气。到这时，地球才终于恢复了平衡。但这时的海洋温度已经升高了 10 度（约摄氏 5.6 度），有孔虫门下的一半物种，原本已经熬过了千百万年的气候变化，现在却因为适应不了这样的高温而灭绝了。它们的尸体化石杂乱地堆积在海底的泥堆里，这些泥堆由海床上汩汩冒出的气体形成，而那气体很可能就是甲烷。简单地说，这个故事可以概括成"一个甲烷饱嗝杀死了有孔虫"。可见，突然的气候变化可能开辟新的演化道路，而新的物种也会应运而生。

温度制约着所有形式的生命。它们有的喜欢寒冷，有的钟情酷热，有的在气候变化中幸存，有的没有。许多已知的现代哺乳动物，从啮齿类到灵长类，都是在五千五百万年前的化石记录中首次登场的。那个时代，长着蹄子、爪子和獠牙的动物纷纷出现。牙齿变了，捕猎模式也跟着起了变化。

持续一万年的温室效应、海洋温度上升了 10 度，这实在是一次剧烈的变化。我们再来看看一种可能：如果全球气候在一百年内剧变 200 度（约摄氏 111 度），将会如何？这听起来似乎荒诞不经，但是如果保罗·霍夫曼（Paul Hoffman）和丹尼尔·施拉格（Daniel Schrag）的理论没错，那么在过去五十多万年中，这样的情况已经至少发生了一次。霍夫曼和施拉格将这样的跳跃式变化称为"冰冻—油炸"（freeze-fry）事件。在他们看来，这类事件是"雪球地球"（Snowball Earth）时期的一个重要特征。

从七亿五千万年前到五亿五千万年前，地球在地质学和生物学上都发生了令人困惑的变化。那个时期带有冰川擦痕的岩石，今天居然出现在了赤道附近。这个故事我们已经听过：阿加西、莱尔和巴克兰曾经用类似的证据推导出瑞士、法国和英国在古代都有冰川覆盖的结论。而现在的这批岩石显示，寒冰可能覆盖过整个地球。但是与此同时，在那些冰川遗迹的上面却又压了一层层碳酸盐岩，而这种岩石是在富含二氧化碳的温暖雨水冲刷之下才会形成的。这样看来，地球曾经由冰冷迅速地转变为酷热。不仅如此，在同样的地方还发现了富含铁质的岩石，说明那个时代缺乏氧气。然而在那之前的十亿年里，地球上一直是富含氧气的——这都要多亏产甲烷菌的功劳。

再说说生命。生命诞生于大约三十八亿年之前，最初只有单细胞生物。虽然化石记录很难解读，但有一点是确定无疑的：在接下来的三十亿年中，生物的演化始终十分缓慢。到了大约五亿六千五百万年之前，新的物种却忽然大量出现。在之后短短的五千万年中（在历史长河中只是一眨眼的工夫），所有基础动物的代表物种都产生了。

生物分类的"门"（phylum）在希腊语里是"部落"的意思。到了五亿年前，今天已知的 11 个动物的门（包括蠕虫、海星、软体动物，以及我们所属的脊索动物）都已经十分繁荣了。在那之后，生物界再也没有出现过新的门。这次生命的爆发是绝无仅有的。此前此后，地球上都发生过大量物种新生与灭绝的事件，但是就生命增长和扩散的规模而言，没有一次比得上这次"寒武纪大爆发"。

全球温度的忽然变化、氧气与二氧化碳的迅速升降，还有生物种类的爆发式增长，这几个事件之间有没有联系？又有着怎样的联系？这两个问题或许就要有答案了。这个答案还不是公论，其中也还留着若干疑点，但是它在整体上已经相当可靠了。这个答案的关键就是地球温度的一次次起伏变化，这些变化的原因都是我们已经了解的：阿加西的冰川运动说、克罗尔的反馈机制、失控的温室效应、魏格纳的大陆漂移说，还有嗜热菌。随着整个故事的展开，每一个因素都在某一点上起着决定作用。这个故事的作者来自世界各地，每一位都带来了拼图中的一块。他们来自英国的剑桥、俄罗斯的圣彼得堡、加州的帕萨迪纳，还有麻省的剑桥。现代科学中的对话交流，这算得上是一个典型。

1960 年代初，魏格纳的大陆漂移理论迎来了复兴，这使得 W·布莱恩·哈兰德（W. Brian Harland）相信，距今七亿年前，所有大陆都曾聚集在赤道附近。陆地反射的阳光比冰雪少，却比开阔的水面多，因而和今天大洋覆盖的赤道相比，当时的赤道一带温度是较低的。一条较冷的赤道，这是推理的第一步。接着，迈克尔·布德科（Michael Budyko）又使用早期全球气候的模型推出，较冷的赤道会引发一轮反馈，使得极地的冰川向南扩张，进一步增加赤道的寒冷。失控的冰冻趋势，这是推理的第二步。这一步的结局就是整个地球为一层数英里厚的冰川所覆盖。当时还没有提出第三步，因为谁都不清楚冰川是如何消融的、生命又是如何在这样的巨大寒潮中幸存下来的。

这个问题直到 90 年代才有了突破。"雪球地球"一说的提出者约瑟夫·科什温克（Joseph Kirschvink）指出，火山喷发会将大量二氧化碳释放到大气当中。这些喷发不受地球表面变化的影响，力量之强，足以冲破冰盖。在正常的年代，二氧化碳的浓度总是固定的，植物会吸收一部分，岩石受到侵蚀和雨水洗刷后冲入海底、埋进海床，又会带走一部分。这是一个微妙的平衡。但是 6 亿年前，植物纷纷冰冻，岩石和海洋也为冰层覆盖，再也没有什么能够遏制二氧化碳的浓度了。这时就有了第三步：失控的温室效应导致全球变暖。

持续数百万年的火山活动，再加上缺少吸收二氧化碳的机制，使得二氧化碳在大气中的浓度达到了 120 000 ppm，相当于今天的 300 多倍。接下来就发生了戏剧性的第三步：在短短一百年的时间里，全球的平均温度从冰冷的零下 60 华氏度上升到了炎热的零上 120 华氏度。以摄氏温标计算，这是一个十分对称的变化：从零下 50 到零上 50，整整升高了 100 度。在此期间，冰川消融，地球从严寒转为了酷暑。说到氧气的消失，道理也很简单：冰冻杀死了植被，也断绝了氧气的来源。这样一来，地质记录就能够解释了：有冰川而无氧气，天上又降下了富含二氧化碳的雨水，结果就形成了碳酸盐岩。

至于生命为何能在冰雪覆盖的地球上生存，那或许就是嗜热菌和它们的强壮同伴在存亡续绝。在那个极寒的年代，生命在地表已经绝迹，但是在与世隔绝的深海热泉周围却存活了下来。演化的压力构成了一道瓶颈：冰冻期间，大多数地表的微生物可能已经灭绝。后来地球暖化、冰川消融，使得地表生物复苏，还产生了更加新颖多样的形式，它们迅速繁殖，短时间内就达到了惊人的规模。对于这次生命的跃进，那个寒冰时代或许还起到了促进作用。

这个"雪球地球"假说可能并不完全正确，但许多科学家都已经渐渐接受了它，有些还对它做了修改。威廉·海德（William Hyde）等人近来又提出了一个"部分冰冻地球"说，认为当时在赤道附近有露出冰面的海洋，而且二氧化碳的浓度只有今天的 4 倍，而非 300 倍。霍夫曼和施拉格坚信生命能够挺过全球冰冻的时代，海德等人却不以为然。两派人最近在《自然》杂志上辩论了一回，霍夫曼与施拉格主张他们的"雪球地球"说符合数据，而海德等人的"泥泞地球"（Slushball Earth）说并不符合。对此，海德作了如下回应：

等未来有了更多数据，我们的开放水域猜想或许是要重新评估，但是我们也认为，严格的雪球地球假说同样没有得到证实。我们相信一个水域开放的世界对后生动物的生存更加有利，正因为有了那片水域，它们的遥远后代才能在这里讨论这个问题。

在将来，我们这些后生动物、这些最早的多细胞生物的遥远后代，仍将继续辩论这个问题，而且很可能在未来十年见到这场辩论的最终结果。"雪球地球"的主张其实并无新意，关于历史上的冰河时期已经有了充足的证据，雪球地球说不过是更加极端罢了。金星上的温室效应比地球强大得多，在气温上升到华氏 800 度（约摄氏 427 度）才会停止，相比之下，地球的华氏 120 度（约摄氏 49 度）算是相当温和的了。最后，嗜热菌已经使我们意外了不止一次，在将来也多半还会使我们意外。

最大的意外出现在阿尔文号潜入烤蛤一区的那一年；虽然当时我们还不曾留意。到 1977 年，伊利诺伊大学的微生物学家卡尔·乌斯（Carl Woese）发现了一件出乎众人意料的事：所谓的"产甲烷菌"其实不是细菌，它们中的许多都属于一种新的嗜热菌。它们提供了一条关键的线索，启发我们重新思考生命的起源以及生命起源时地球的温度。

生命的第三支

在 1970 年代晚期之前，科学家一直认为最初的生命出现在地表的一个产生简单有机分子的水潭里。在 1953 年的经典实验中，化学家斯坦利·米勒（Stanley Miller）和哈罗德·尤里（Harold Urey）在一只容积略大于一加仑（约 3.8 升）的大号烧瓶里装进了水、甲烷、氢气和氨气，也就是一般认为的早期地球上蕴含的物质。他们将烧瓶封口，施以电击，并且轮流加热冷凝，模拟地球早期的频繁闪电和气温变化的环境。不过几天时间，烧瓶里就出现了有机分子，科学界兴奋地将它们视作是生命的萌芽。

这个生命起源的理论虽然简洁诱人，但是仍有几个悬而未决的问题对它形成了质疑。虽然有机分子的出现引人遐想，但是我们并不清楚何种机制能使它们组合成真正传递遗传信息的 RNA 和 DNA 分子。当生命初现，地球的大气未必像米勒—尤里实验那样富含甲烷、氢气和氨气，当时的地球表面也许远没有这么温和，无论在温度还是其他方面。70年代末，随着米勒和尤里的理论受到质疑，新的解释也纷纷出现，科学家们开始在深海热泉上打起了生命起源的主意。

其中的一个是杰克·科利斯，他就是阿尔文号初次在烤蛤一区下潜时，惊讶地望向舷窗外面的那位科学家。震惊于眼前的种种生物，科利斯通过电话向支援船"璐璐号"上的一个研究生问道："深海不是该像沙漠一样的吗？"望着簇拥在海底温泉附近的这派勃勃生机，他不由想到了这或许就是生命开始的地方。他意识到，海床受到的小行星撞击比地面要少，那么在阳光和温度忽然变化时，它受到的影响应该也没有地面大。1981 年，科利斯和两位同事发表了一篇论文，题为《海底热泉与地球生命起源关系假说》。

几乎就在同时，生物分类的标准经历了一次重大变化，这也为生命源于海底热泉的假说提供了些许支持。直到 1970 年代末，生物还被分成细菌（即"原核生物"，细胞中没有细胞核的单细胞生物）和其他类别。除细菌之外都是"真核生物"，它们的细胞内有真正的细胞核。一般认为真核生物出现较晚，它们根据形状、功能和尺寸，又划分成了四个界：动物、植物、真菌和藻类。

1960 年代中期，微生物学家卡尔·乌斯开始给细菌世界分类。这在当时是一个极大的难题，因为主流的细菌学教科书都表示："生物分类这个最终的科学目标是无法在细菌中完成的。"乌斯对这个说法并不赞同，他认为在显微镜下研究细菌的形状、功能和大小肯定是不够的，而新兴的分子生物学可以成为给细菌分类的一件利器。

使用这件新工具，乌斯将目光瞄准了一种 RNA，它们位于细胞内部组装蛋白的地方。根据遗传材料的重合程度，他得以为细菌追根溯源、确定两个细菌物种分道扬镳的时间。就这样，他创造了一部通用的细菌时钟。

1976 年，乌斯的一位同事提出对产甲烷菌，也就是间接导致有孔虫灭绝的那类生物开展研究。乌斯立刻产生了兴趣，因为产甲烷菌有着许多形状：有圆形、有杆形，还有螺旋形。它们的大小也有很大差异。不过虽然外表各异，产甲烷菌却都执行着同样的化学反应。它们的功能是相同的，不同的只是形状和大小。如果它们的 RNA 都像乌斯设想的那样相似，那它们就会成为对他的细菌分类法的有力证明。

然而接着就传来了爆炸性消息：基因测序显示，产甲烷菌好像并不是细菌。乌斯起初比较谨慎，只称它们是"原始细菌"（archaeabacteria）。多数生物学家都拒绝他的成果，有个研究者还说他是"一个怪人，想用一项疯狂的技术来回答一个不可能回答的问题"。然而，当乌斯和其他科学家开始详细研究产甲烷菌的分子结构时，越来越多的证据呈现了出来。这个"怪人"变成了一位英雄，"原始细菌"的名号也很快修改，成了"古生菌"（Archaea）。它是生命的第三种形式，与真核生物、原核生物都截然不同。

因为几项现代基因技术，乌斯的观点得到了戏剧性的证明。产甲烷菌 *Methanococcus jannaschi* 是第一批得到完整 DNA 测序的生物之一。它的基因中有 44% 与细菌或真核生物相似，但其他部分完全不同。显然，这是"另一种东西"。*Methanococcus jannaschi* 还有一个重要特征：它是一种超嗜热生物，在华氏 180 度（约摄氏 82 度）的环境中生长最佳。最初几年发现的古生菌，几乎全都是嗜热菌、超嗜热菌，或者嗜好某种极端环境（极端的压力、盐度、酸度等等）的生物。这个群体因此被称为"嗜极菌"（extremophiles），嗜热菌构成了其中的一个子集。在海底火山上发现的延胡酸索火叶菌至今仍是耐高温纪录的保持者，它同样不是一种细菌，而属于古生菌。

以古生菌距离生命之树的根系之近，加上它们嗜好极端环境的本性，都说明它们是地球上最初的微生物。可惜的是，演化生物学很少能把问题解释得一清二楚。古生菌的丰富远远超过我们之前的想象，海洋浮游生物里有它们，温带的海水里也有它们，甚至在极地的水域里都栖息着一种古生菌。而且，并不是所有的超嗜热生物都是古生菌。有一种 *Aquifex aeolicus* 生活在华氏 200 度（约摄氏 93 度）的水中，但它仍是细菌。也许最初的微生物的确都是嗜热菌，但它们既不是简单的古生菌，也不是简单的细菌。也许生命只有一个源头的观点根本就是错误的，就像卡尔·乌斯最近所说的那样：

地球生物的祖先不可能是某种特定的生物，也不可能来自一条单一的世系。那应该是一个联结松散的多种原始细胞组成的集合，它们共同演化，发展到一定阶段之后分化成了几个相互独立的群体，再接下去，才形成了三条原始的世系（细菌、古生菌和真核生物）。

古生菌的发现以及它们和嗜热生物的亲缘关系并没有解释生命起源的方式、地点和时间，但是它的确改变了探讨的标准。要确定这些问题的答案（如果可能的话）还需克服许多困难，而这些困难都有一个共同的源头：科学家虽然在协力寻找地球起源的日期和原因，但是对于地球在最初几百万年中的温度，他们却并不清楚。

熔化地球

一道温度的阶梯塑造了我们这个太阳系中的八大行星：居于内圈的

四颗体积较小、密度较高，具有岩石质地，而居于外圈的四颗体积较大、呈气体状。温度在每颗行星诞生之际就决定了它们的大小和成分，并且在它们的演化途中继续影响着它们。温度的起伏一再塑造着地球的表面，它常常毁灭生命，也常常带来新生。为了理解这一切如何发生以及为何发生，我们必须回到五十亿年之前，回到我们的太阳系刚刚形成的时刻。

大约那个时候，附近的一颗大号恒星在一次剧烈的爆炸中灭亡了。爆炸产生的冲击波在周围的星际介质中激起了阵阵涟漪，形成了密度和温度都有所不同的区域。其中的一片区域，不妨称之为一朵星云，在密度和温度上都可能超越了大多数区域。或许冲击波还使它旋转了起来。它一边旋转，一边变成了一个中间隆起的圆盘。这个圆盘的主要成分是氢和氦，两者都是宇宙间最原始、最基本的成分。圆盘中还包含着其他物质的颗粒，它们诞生于那颗死亡恒星的中心，而后在它垂死的爆发中喷射了出来。

重力持续将圆盘隆起的中心向内拖拽，使得压力和温度双双上升。随着温度升高，一颗原恒星（恒星的前身）形成了。而后，当这个隆起的核心到达开氏 1 500 万度，它的内部开始了核反应，于是一颗成熟的恒星诞生了，那就是我们的太阳。这整个过程并不罕见。如果现在想观察它，只需要在银河系的旋臂上寻找证据。

当那块隆起变成了原恒星，它放射出的热量也塑造着圆盘外围的尘埃与颗粒。从中心到外围，温度渐次降低。在圆盘中接近中心的部分，也就是目前水星所处的位置，温度超过了开氏 1 000 度，火星所处的位置也有开氏 400 度。计算机模拟已经证实，在一亿年左右的时间里，那些质地坚硬的颗粒与尘埃化作了岩石，并最终形成了四颗行星：水星、金星、地球和火星。

圆盘外围的故事就不同了。那里的温度太低，水蒸气都结成了冰，那一带的颗粒好似冰芯，周围长出了一个个巨大的冰球。在几百万年的时间里，这些冰球长到了地球几倍的规模。这些由冻结的甲烷、氨气、水冰和岩石构成的冰球质量巨大，它们将圆盘中的氢和氦吸引到周围，并继续成长。最终，它们同样稳定下来，形成了四颗行星：木星、土星、天王星和海王星。

八颗行星在这个旋转的圆盘中各安其位。居于内圈的四颗称为"类地行星"，密度大约是外围那四颗"类木行星"的五倍。说到底，这内外八颗行星在大小和密度上的差异都是由它们诞生时的温度决定的。至于那颗遥遥在外的冥王星，它或许并不是这样形成的，或许它连行星都算不上。

有许多证据都支持这幅将内圈的四颗行星与外圈的四颗分开的图景。其中有一条在几百年前就已经为人所知了，它还曾经给牛顿带来了困惑：和路线随意的彗星相比，行星总是沿着接近正圆的轨道围绕太阳运行，它们几乎位于相同的平面，而且都沿逆时针方向运转。牛顿虽然用几条基本定律解释了恒星的运动，但是在他看来，行星的这种排列似乎无法用科学定律解释，除了诉诸一个更高的权威之外，他实在想不出别的办法。在 1692 年给友人本特利博士（Dr. Bentley）的信中，牛顿这样写道："诸行星目前的运动模式不可能单单出于自然的原因，还应该有一位智慧主体的干预。"一百多年之后，制造这个旋转圆盘的"自然原因"终于由法国数学家拉普拉斯和德国哲学家康德所确认了。

在距今略多于四十五亿年的太阳系早期，剧烈撞击产生的一些碎片终于并入了太阳系中的八大（或九大）行星。有的碎片仍保持尘埃状态，还有的长成了小行星，它们由岩石构成，直径可以达到几百英里。这些小行星目前主要集中在火星和木星之间，形成了一条小行星带，其中有 200 颗的直径超过 50 英里（约 80 公里），有 10 万颗足以呈现在照相底片上。而那些直径小于几百英尺的较小的岩石，我们一般称之为

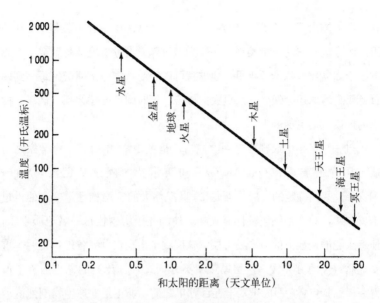

图中显示的是太阳系中各大行星形成时它们的温度和到太阳距离的关系（图中的长度单位为天文学单位，即地球到太阳的距离，纵轴并未按比例显示）。

"流星"，虽然小行星和流星之间的界限是相当模糊的。

八大行星已经稳定地运行了几十亿年，其间小行星也找到了各自固定的轨道，但是外界的干扰也偶尔会改变它们的路径。一旦发生这种情况，一块体积可观的岩石就有可能会飞过来与地球相撞。在过去的几十亿年中，这样的事情已经发生了多次。不过在 19 世纪之前，石块从天而降的观点一直是一种怪论。据说，托马斯·杰斐逊在一场讲座上听到两位耶鲁大学的教授宣扬这个观点之后说道："与其相信石头从天上掉下来，我还是相信有两个北佬教授在说谎。"

每一天，地球都沐浴在大约 300 吨地外岩石的撞击中，好在其中的多数都只是尘埃而已。偶尔也会有大型岩块和我们的行星相撞。五万年前，一颗直径 100 英尺（约 30.5 米）、富含铁质的流星在亚利桑那州的温斯洛附近坠落。这颗时速达到 25 000 英里（约 40 234 公里）的流星在地面上撞出了一个深 500 英尺（152.4 米）、直径近 1 英里（1.6 公里）的大坑，它的能量相当于一枚大型氢弹。大量尘埃升腾到空中，影响了全球气候。每十万年里，地球就可能经受这样一次撞击。每一到两百万年，地球还会经受一次更大的撞击。把时间跨度拉伸到一亿年，撞击的规模就会更加可观。

过去一亿年中最剧烈的一次撞击，是在 1980 年由父子科学家路易斯·阿尔瓦雷茨（Luis Alvarez）和沃尔特·阿尔瓦雷茨（Walter Alvarez）共同确定的。路易斯是 20 世纪伟大的实验物理学家，他得过诺贝尔奖，对许多领域都怀有兴趣。他的儿子沃尔特是一名地质学家，他感兴趣的是地下的一个黏土层，这层黏土出现在世界各地，是两个重要地质年代的分界线。这层厚仅 1 英寸（2.54 厘米）的黏土还有个值得一提的特点：它形成于六千五百万年之前，那正是地球生物剧烈变动的时代。在那次剧变中，今天所知的海洋生物灭绝了近四分之三，所有的恐龙物种从此消失，再也没有重现。在阿尔瓦雷茨父子之前，有许多假说想要解释这次灭绝的原因：植被变化、火山活动，甚至小行星撞击，都被当作了元凶，但是没有一个能使人完全信服。

沃尔特·阿尔瓦雷茨问自己：这个黏土层要经过多久的积淀才能形成？他的父亲提出了一个估算时间跨度的方法：测量黏土中一种稀有元素的含量。铱在地球表面十分稀少，因为地球形成之初，几乎所有的铱都随着熔岩沉入了地心。相比之下，铱虽然不是小行星的主要成分，但是也有相当数量储存在小行星中。小行星的尘埃降落到地球的频率大致是固定的，大约每天 300 吨，其中能够测量的一小部分就是铱。由于这些尘埃在地球上平均分布，加上地球表面的所有铱都是从小行星来的，你由此就可以算出每天在地球表面的每块区域降下了多少铱。再计算一下黏土层中的铱含量，就可以知道它的形成持续了多长时间了。

真是个好办法，沃尔特心想。他随即收集了一些黏土并送去化验。

最初一切顺利，但是结果送来时，他却惊呆了：这些黏土中的铱含量，比他的估计多出了 100 多倍。这不外有两种可能：一是这个黏土层的形成时间比他的估计长了 100 倍；二是在六千五百万年前发生了一个特殊事件，它在地球表面沉积了大量的铱。这个事件绝不会是一般的尘埃降落。父子俩认为，可能是这层黏土形成的时候，正好有一颗小行星撞上了地球。这颗小行星只要够重，它携带的铱就会超过几百年来的尘埃降落。这个设想的确与数据相符，只是父子俩起初并不明白一次大规模撞击如何会导致全球性的灭绝。沃尔特这样写道：

　　最后，爸爸想到了因为撞击而飞到空气里的尘埃。他记得在书上读到过 1883 年印度尼西亚喀拉喀托火山的喷发，当时的大气中也充斥了大量灰尘，接下去的几个月里，连地球另一边的伦敦都接连看到蒙着一层彩色的落日。爸爸根据记忆找到了那本书。他认为，将喀拉喀托事件扩展到一次剧烈撞击的规模，大气中就会充塞大量尘埃，使得整个世界都陷入黑暗。

　　原因找到了：一颗蕴含 10 000 亿吨岩石的庞大小行星与地球猛烈相撞，激起大量尘埃。接下去的几年，尘埃遮蔽了阳光，也降低了地球表面的温度。在撞击过后的"核冬天"里，所有恐龙物种都因为无法适应气温变化而灭绝了。只有那些较为灵活、适应力强的小型物种存活了下来。阿尔瓦雷茨父子估计，这颗小行星的直径大约为 6 英里（9.6 公里），撞击时的能量相当于 7 000 万枚氢弹同时爆炸。这一点路易斯很有把握：他原本就是计算剧烈爆炸的专家，还去过洛斯阿拉莫斯①，当

---

① 洛斯阿拉莫斯，位于美国新墨西哥州，第一颗原子弹即在此试爆。艾诺拉·盖号，在广岛投下第一枚原子弹的美军轰炸机。——译者

艾诺拉·盖（Enola Gay）号载着第一枚原子弹升空时，他就是主管测量的物理学家。

起初，科学界对阿尔瓦雷茨父子的设想颇多怀疑，这主要是因为地球上并没有找到那个年代留下的陨石坑。直到 1992 年，一组地质学家在墨西哥湾的海水下找到了一个，它离尤卡坦半岛不远，位于希克苏鲁伯（Chicxulub）附近。它之所以向来不为人知，是因为它的表面盖了一层沉积物。陨坑中的玻璃状碎片和周围岩石上的冲击波形显示，它是一次能量极大、温度极高的撞击形成的。它的直径约为 120 英里（约 193 公里），与一颗直径 6 英里（9.6 公里）的小行星以 25 000 英里（约 40 234 公里）的时速撞击地球的假设相符。凭着这个速度，那颗小行星仅用一秒的时间就穿透了地球大气，并将它前方的空气剧烈压缩。它撞开泥土，击穿 2 英里（3.2 公里）厚的石灰岩，接着扎进了下面的花岗岩层。压缩的空气升温至华氏 40 000 度（约摄氏 22 204 度），足以在陨坑中造成熔凝石英。对岩石的年代测定显示，这个陨坑大约形成于六千四百九十八万年之前。时至今日，恐龙因为小行星撞击导致的气温变化而灭绝，这一点已经没有多少人怀疑了。

这也使科学家开始思考另外几次灭绝的原因。早在大约两亿五千万年之前，地球上就发生过一次大规模灭绝，它是后来历次灭绝之母。当时，85% 的海洋生物和 70% 的陆地脊椎动物都消失了。相当晚近的证据显示，当时也曾有一颗小行星撞击地球，而大规模灭绝就发生在那之后的几十至几百年内，而不是一度认为的几百万年。不久前，澳大利亚内陆发现了一个直径 75 英里（约 121 公里）的陨石坑，它就位于印度洋上的鲨鱼湾附近。从周围的岩石也可以看出，它是两亿五千万年前的一次撞击造成的，而且陨坑里同样有熔凝石英，那是高速撞击引起高温的证据。当地虽然没有大量的铱，但是对周围岩石的化学分析显示其中含有氦气和氩气，那都是小行星中常见的物质。一般而言，气体应该会飘走才是，但是在这个例子里，它们都被封锁在了撞击形成的富勒烯内部；富勒烯是六个碳原子构成的圆球结构，只有在高温中才会形成。于是，灭绝、陨石坑、化学分析，这三片拼图再次组合在了一起。

一次撞击消灭了早先的爬行类动物，接着恐龙登场了；后来又发生了一次撞击，恐龙消失了。早先的一次温度变化促成了它们的演化，而在一亿八千五百万年后，又一次温度变化造成了它们的灭绝。杰斐逊口中的两个"北佬教授"是对的：的确有石头从天上掉下来，而且还是几块大石头。它们毁灭了旧的生命形式，也促成了新生命的诞生。也许，其中的一颗还把最早的生命带到了地球。

地外生命

在地球早期历史中，当小行星还没有固定到它们今天的轨道时，灭绝恐龙的那种撞击可谓家常便饭。其中最剧烈的一次发生在四十五亿年前。当时我们的行星尚未发育完全，就被一颗略小于它的小行星撞到了。这次撞击从地球的表面刮下了很大一块，将它撞进了太空。碎片中的一大部分在撞击中化成了液体（可能本来就已经是熔岩态了），它们进入地球轨道，冷却之后重新组合，形成了我们的月球。这个说法或许听起来离谱，但是阿波罗号的宇航员发现的月岩却证明了它是正确的。正是这次所谓的"大碰撞"（the big splat）使地轴倾斜，形成了它与公转平面之间的夹角。大碰撞产生了月球，撞歪地球制造了四季，还影响了地球的自转，从而产生了日夜更替。

陨石对早期地球的反复撞击释放了许多能量，其中的一大部分作为热量留在了地球内部。这些留存的热量加上天然的放射性，至今仍是地球内部的主要能源，它们驱动着火山活动、板块运动，以及所有仍在搅动我们这颗行星的热运动。关于那些撞击，直接的地表证据已经消失，今天的我们见不到它们留下的任何陨坑，因为热量已经重塑了地球的面貌。相比之下，水星、火星和月球表面的坑洼还留存着早期碰撞的证据。而金星的表面也像地球一样，早已被热量重塑，什么也看不见了。

地球在最初六亿至七亿年间的温度决定了生命会在何时、何地出现。目前所知最早的化石可以追溯到地球和月球形成后大约七亿年。大多数研究演化的学者都认为，七亿年已经足够生命出现了。但他们忽略了一件事：如果地球是直到三十九亿五千万年前才冷却到了适宜生命的温度，而生物的化石却在三十八亿五千万年前就存在了，那事情可就没这么简单了：在这短短的一亿年间，简单的有机分子是否就能通过尝试与错误将自己组装成复杂的分子，从而启动生命的遗传机制，这一点实在是值得怀疑的。

如果这点时间并不够用，那么生命就一定是在别处产生，然后到达地球的。问题的关键是，我们现在还不知道多长时间才算够用。先请记住一点：关于生命何时产生、如何产生，都还没有清晰而可靠的答案，接着我们再来看看从温度中读出的各种证据。考虑一下四十五亿年前的那次撞击，它是如此剧烈，产生的热量使地表的温度远远超过了华氏200度（约摄氏93度），足以将任何地方的水化作蒸汽。那次撞击的次生效应尚不明确。一方面，从粉碎的岩石中释放的二氧化碳造成了规模巨大的温室效应，使地表的温度上升；但是另一方面，撞击扬起的尘埃遮蔽了阳光，造成历时两千余年的"核冬天"。短期和长期来看，这两个效应中的哪一个对温度制约更大，需要详尽的计算方能回答。也许，地球的表面曾在漫长的岁月里冰冻，偶尔被小行星的撞击燃起一片火海，然后温度骤升、地表融化，接着再次复归冰冻。

地球早期的热学历史殊难确定，因为岩浆已经把之前的记录彻底扫除。目前找到的最古老的岩石大约有四十亿年历史，形成于最剧烈的那次撞击终于尘埃落定的时候。但是最古老的岩石颗粒，一种微小的锆石结晶，却有四十四亿年的历史。最近几次对其成分的化验显示，它们是在有液态水的环境中形成的。也许，地球上的水就是在它与一颗富含水冰的彗星撞击时产生的。这并不说明那个时候就诞生了生命，但是有些生命形式的确可能在那个年代就产生了。它们能熬过后来的气候变迁吗？嗜极菌的顽强已经证明了这并不是不可能的。

在此要强调一点：四十亿年前的生命诞生，和六亿年前寒武纪大爆发时各门（phyla）生物的出现，这两件事之间没有任何联系。不过从表面上看，它们确实有着一些肤浅的相似：两次都是地球的温度和其他气候特征发生了剧烈的变迁，而生命的结构也在较短的时间内发生了可观的变化。至于地球的迅速变迁是如何刺激了生命的变化，现在还不清楚。关于第一个事件，我刚才已强调过：就连生命是否真的源于地球，目前都还不得而知。

自从四十六亿年前太阳系诞生，到地球上出现第一批已知的生物，中间的七亿多年的时间里，火星上或许倒有一个适宜生命的环境。今天，火星上的火山活动已经停止，但在当时，它们一定释放出了大量二氧化碳、制造了可观的温室效应，将那里的一切水分都液化了。假如生命真是在火星上诞生的，那么它们是如何到达地球、又是如何在漫长的旅程中存活下来的？我们知道，今天仍有火星物质在地球上降落，所以在那些小行星撞击更加猛烈、更加频繁的岁月里，火星上的物质很有可能也到达过地球。至于它们的生存问题，就又要轮到嗜极菌上场了。从火星到地球的飞行不是一条轻松的路线，但是一些异常顽强的生物可能会冒这个险，它们或许是藏在岩石的缝隙之中躲开了太阳的紫外辐射。

1996 年 8 月 7 日，美国国家航空航天局（NASA）在首都华盛顿举行的一场新闻发布会点燃了大众对地外生命的兴趣。会上宣布，他们在南极洲发现了一枚重 4 磅（约 1.8 公斤）的火星陨石，编号 ALH84001。南极是寻找陨石的最佳场所，因为在缓慢形成的冰川上，深色的陨石在洁白的冰面上格外显眼。当流动的冰川沿着山坡徐徐上升，它们会将陨石堆积到一起，形成一片天然的采石场。南极洲的艾伦山（Alan Hills）是寻觅陨石的理想场所，至今已发现了数千块，所以陨石的编号中才有"ALH"几个字母。不过这一块 ALH84001 却有些与众不同，别的不论，年纪就好像比别的要大一些。科学家已经将它的历史完全重构了出来：它在四十五亿年前从岩浆中结晶而成，五亿年后又遭受了一次热冲击——可能是火星在当时受到了一枚大号小行星的撞击。在略早于三十亿年之前，有水流过了它表面的缝隙。一千六百万年前，它从火星表面脱离，或许是被一颗掠过的流星撞飞的。一万三千年前，它在地球降落。它经过了漫漫旅途，但这只是问题的一半。

陨石在穿越大气层时的温度可以轻易超过华氏 1 000 度（约摄氏538 度）。在夏日的夜晚，我们常能看到这些流星划过天际。幸好这热量不会传得太深；除非岩石分解，不然它的内部不会受到高温的冲击。NASA 之所以为 ALH84001 召开新闻发布会，是因为它的特性格外引人遐想：它的内部有一些香肠形状的微小结构，很像是地球上最小的细菌；它还有着一些通常由细菌制造的化合物。这，是火星上曾经存在生命的证据吗？

生命从外星来到地球的想法是科幻小说的一片沃土，其中的许多创意奔放不羁，完全摆脱了生物学、化学和物理学基本定律的束缚。不过话说回来，许多平时严守这些定律的人，在思考太空旅行的时候也愿意略做通融。上一章提到的率先计算全球变暖幅度的斯凡特·阿伦尼乌斯，也曾在一百多年之前思考了生命从别处到达地球的可能。按他的设想，宇宙中处处漂浮着耐受高温的微生物，它们每到一颗星球着陆，就在那里萌芽。为了描述这个现象，他还提出了"泛种论"（panspermia）的说法，也就是"到处播种"的意思。

到 21 世纪，又有人重新提出了泛种论，它最有力的鼓吹者是两位分子生物学的大家，弗朗西斯·克里克和莱斯利·奥格尔（Leslie Orgel）。他们认为，生命的种子来自太阳系外的某个文明发射的一艘自动飞船。这艘飞船经过了特殊设计，以保证种子在漫长的飞行中不受伤害，在到达目的地时，它再将种子洒进地球的深海。这个称为"定向泛种论"（Directed Panspermia）的观点自有它的趣味，但克里克自己却说："对于定向泛种论最宽容的态度是承认它确是一个有效的科学理论，只是目前还不成熟罢了。但是这就不免引出一个问题：这个理论会为人接受吗？在这一点上，我们还不能妄下定论。"

我们的确要谨慎地估计太阳系中有别处存在生命的可能；它们或许是独立产生的，又或许是始于一个源头，甚至有杂交的关系。大多数科学家都认为，生命独立演化的可能要高于任何形式的泛种传播，但是这个观点同样没有过硬的证据。火星在早期有着适宜生命的环境，今天的它虽已是一片荒漠，但仍然是生命起源的候选行星。此外，生命也有可能起源于木星的卫星。

冰封两英里下的生命

火星和其他远日行星气温太低、距太阳太远，使得生命不可能在地表生存。但我们从地球的深海热泉附近得知，生命即使在没有阳光的地方也能存活——只要那里有能量来源，并且温度使得水能够保持液态就行了。

最有可能容纳生命的是一颗出人意料的地外星球：木星的卫星之一，木卫二（也称"欧罗巴"）。至于木星的其他几颗卫星，木卫四上似乎有水，但热量很低；木卫三上有许多热量，但是水量微乎其微（至少在不久之前我们一向这么认为）。在这方面，木卫一同样不能完全忽视，它的火山活动十分剧烈，超过我们所知的任何星球，巨大的火山口将华氏 4 000 度（约摄氏 2 204 度）的岩浆喷至表面，这个温度超过了过去三十亿年中地球上的任何一座火山。这是一个有趣的现象，甚至对我们了解地球的遥远过去有所启发，但是木卫一上的环境并不适宜生命。简单来说，木星的几颗卫星显示了某种生命形式大量存在的可能，但是这一点没有清晰的证据。

伽利略在 1610 年发现木星的四个卫星时就被迷住了。在他看来，它们证明了哥白尼关于地球围绕太阳运转的观点：如果说这四个卫星都围绕木星转动，那么地球当然也可以围绕太阳转动。这四个天体曾经证明了地球不是宇宙的中心，如果它们能再次证明地球也不是生命的中心，那不是很耐人寻味吗？如果这个发现能由"伽利略号"探测器做出（为纪念伽利略发现木星的四个卫星而命名），那就更加合适了，可惜世上很少有这样的巧合。最近，携带大量探测设备的伽利略号刚刚完成了一次为时四年的旅程，其间围绕木星飞行了二十次。它仔细查看了木星的四大卫星，飞得最近时距卫星表面仅 100 英里多一点（略多于 160 公里）。

我们在了解嗜极生物之后，自然要提出一个重大问题：木星的卫星能否支持生命？伽利略号着重探测了木卫二，它的表面覆盖厚厚的冰层，赤道附近的温度为华氏零下 260 度（约摄氏零下 162 度），两极处又比赤道低了近 100 度（约摄氏 56 度）。但是它也在木卫二的表面拍摄到了深深的沟壑，那可能是被地下涌起的热能撑开的。照片中还可以看见一道道深色的山脊，那可能是含盐分的矿物液渗透地面所致。木卫二表面的其他地方还有一些参差不平的土堆，仿佛泥泞的北极海洋上漂浮的冰山，这同样暗示了这颗星球的内部有热活动。还有一个现象可以证明这个猜想：木卫二的表面缺乏由彗星或小行星造成的陨石坑，这说明地下的热活动刚刚在不久之前重塑过地面。一切线索都指向了木卫二的中心在产生热量。那么，这些热量足够维持一片由液态水组成的深海吗？很有可能，但是目前我们仍当存疑，除非有一天，探测器能找到水流涌动的迹象、证明木卫二上隐藏着一片地下海洋，到那时候，我们才能最后确定。

除了木星的四个卫星和火星，太阳系中的其他地方也可能存在地外生命。土星的土卫六、海王星的海卫一，甚至冥王星的冥卫一都是候选。在过去十年里，人类还在其他恒星周围发现了好些行星。如果那些恒星和我们的太阳类似（有许多确实如此），那么它们周围的行星，乃至那些行星的卫星，为什么就不能存在生命呢？弗里曼·戴森认为，位于火星与土星之间的大量小行星，同样可能孕育着生命。

未来几十年里，当我们用更加精良的宇宙飞船探索周边的行星，许多的疑问或许就会得到解答。不过说来有趣，就算我们的视野继续扩展，不断望向远方，那些重要的信息或许反而要在地球上寻找。那些信息就躺在一片湖泊的底部，而那片湖泊所处的位置是我们始料未及的。

俄罗斯在南极洲的沃斯托克（Vostok）设有一座研究站，他们的科学家已经在那里研究了将近四十年。沃斯托克地处南极点附近，许多人将它看作是人类生活过的最严酷的地方。就在不久之前，那里的温度刚刚跌到了华氏零下 132 度（约摄氏零下 91 度），这是地球上记录到的最低温度。研究站里的科学家要应对干燥、隔绝、黑暗和寒冷。不仅如此，研究站的海拔高达 12 000 英尺（约 3 658 米），在这个高度上，即使是最强悍的人也难以生存。沃斯托克的居民在睡觉时身边都备着氧气筒，几乎所有人都要服用对抗高原反应的药物。

研究者不仅在沃斯托克居住，还要从事研究。他们有一项宏伟的计划：在累积了四十万年的冰面上缓慢而稳定地向下钻探。沃斯托克有着堪比撒哈拉的干燥空气，降雪很少，地面的冰层只有不到 4 公里。钻探的最初目的是研究气候变化：和树木的年轮一样，冰层也保存着温度变化的信息，在这里一保存就是四十万年。

令人惊讶的是，研究者居然在冰层下方发现了水。第一条暗示冰下有水的线索出现在 1970 年代，当时有飞机飞越沃斯托克上空，发出的雷达信号显示下方有一片湖泊。但是直到 1996 年欧洲遥感卫星的分析之后，这片湖泊的真实体量才呈现了出来。沃斯托克湖是一座巨大的地下水库，面积与安大略湖相当，深 2 000 英尺（约 610 米），超过太浩湖。和西伯利亚的贝加尔湖一样，它也坐落在板块之间的一条裂缝上方，湖底极可能有着深海热泉。

地热加上数英里冰层下方的液态水，这个组合正是天体物理学家对沃斯托克湖如此热衷的原因：如果在地球上有什么地方类似木星卫星上的冰冻层，那就是这里了。今天的沃斯托克已经成为了一个国际研究中心。1998 年，一支俄、法、美联合科学团队钻探到了湖面上方 400 英尺（约 122 米）处。他们为什么停下了？海洋学家大卫·卡尔（David Karl）一语道破："谁也不想自己的墓碑上写着'是我污染了沃斯托克湖'。"

接着，研究者钻开重新冻结的冰水，又下行了 300 英尺（约 91 米）。采样显示，湖水中含有无机营养、溶解碳和细菌，全都是一个活跃的生态系统中常见的成分。研究者意识到，他们即将进入一片巨大而原始的环境，它向来与世隔绝，已经独立地演化了近一百万年。一旦凿穿冰层，外界的污染物就可能进入湖水，并对其后的观测结果产生永久的干扰。有鉴于此，研究者反复告诫自己要拿出最大的谨慎。他们停止了钻探，直到准备好必要的措施才重新开始。进展相当困难。为了使钻出的口子保持开放，他们在里面灌入了 6 吨飞机燃油和氟利昂的混合液体，其中的 1 吨被重新冻结的湖水封住了，要将它拖回来保存工程太大，但如果任由它进入湖水，它就会在几天之后沉到湖底，并在几年内通过循环污染整个湖泊。

经过沃斯托克的这次钻探，我们对气候和温度在过去四十万年内的起伏知道了许多。但是要详细了解关于生命的知识，我们还是需要一件新的设备。眼下，开发"破冰机器人"（cryobot）的计划已在进行之中，它能在钻探的同时融解冰块，等到达湖面上方时，它再放出一部小型无菌的"水栖机器人"（hydrobot），用来观察并收集水中的样本，并将数据传回研究站。这些设备可以作为样机。在将来，人类会以它们为基础开发太空船上使用的设备，并派往木卫二表面，去寻找更加奇怪的生命形式。

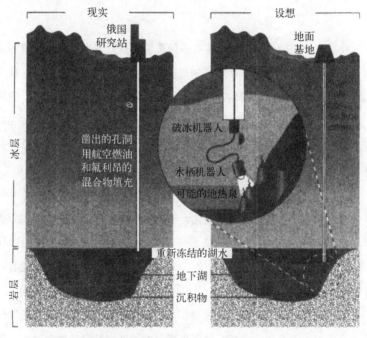

钻透冰层到达沃斯托克湖：使湖水不受污染的现实做法与设想方案。

在不到一百年的时间里，巴顿和毕比的探海球一步步进化成了水栖机器人。技术长足发展，装备日益精密，我们对技术与装备的依赖也越来越大。遥感取代了直接观测，但是沃斯托克湖的研究证明，人类的机智、好奇和坚忍始终是科学发现的铺路石。巴顿和毕比一定含笑九泉。

第五章　来自太阳的消息

我对于太阳发出的热量始终有一份亲切感。十三岁那年，我读到了第一本真正的科学书籍，乔治·伽莫夫写的《太阳生死记》（*The Birth and Death of the Sun*）。这本书讲述了一个充满曲折和意外的故事，表面上重要的线索将人引入歧途，看似无关的小径却通向正道，无法调和的观点忽然接通，不同领域的资料意外地交汇。再加上伽莫夫亲手绘制的迷人线描，使全书散发出无穷的魅力。

我猜想，伽莫夫本人也对《太阳生死记》怀有一份亲切。到 1964 年，这个领域已经有了巨大的变化，于是他另外写了《一颗名叫太阳的恒星》（*A Star Called the Sun*），书一开头的题词就说"献给我的旧作《太阳生死记》"。伽莫夫还会在这一章的许多地方出现，这不是我有心眷顾他，而是他的确很重要。

伽莫夫 1904 年生于敖德萨，到 1920 年代晚期，他觉得苏联的统治越来越压迫，于是决定逃离。他原打算和妻子坐皮艇穿过黑海逃亡，但运气不好，计划失败了。到 1933 年，他们又借着短暂出访、在西方出席会议的机会离境，伽莫夫再也没有回去。1934 年，他搬到美国居住，在首都华盛顿的乔治·华盛顿大学接受了一个职位。他很快便多了一位同事，爱德华·泰勒（Edward Teller），他是从匈牙利流亡的科学家，后来被称作"氢弹之父"。

乔治·伽莫夫，带着一贯的淘气表情

太阳核心

15世纪的人文主义者马尔西利奥·费奇诺（Marsilio Ficino）在《论太阳》中写道："……与它相伴的热气抚育、滋养着万物，是宇宙的产生者和推动者。"我们的几乎所有热量都是源自太阳。地球深处的热量制造了深海热泉与火山，但是太阳给予地球的能量，却是沸腾的地热的 10 000 倍之多。这些能量大多来自太阳的核心，但是我们能观察到的却只有它开氏 5 800 度（约摄氏 5 527 度）的表面，它的内部是什么样子，只能推测。我们对太阳表面温度的知识，都是从略早于一百年前的斯特凡—玻尔兹曼定律中推导来的，但是这些知识又产生了其自身的问题。比如，太阳的表面温度并不均一。太阳上有暗色的斑点，它们较暗的原因是温度较低，不到开氏 5 800 度，而是开氏 4 300 度左右（约摄氏 4 027 度）。我们将它们称为"黑子"，在知道它们的本质和成因之前，我们就对它们观察了很久。

古代中国的天文学家通过湖中的倒影观察太阳，并注意到了它表面有一些较暗的区域，但是对太阳黑子的系统研究却要到望远镜问世之后才会开始。伽利略就在镜头前看到了黑子。甚至可以说，他和宗教裁判所的麻烦就是从黑子开始的。耶稣会神父克里斯托弗·沙伊纳（Christopher Scheiner）是最先观察到太阳黑子的人之一，他认为那些不是太阳上的黑点，而是飘浮于太阳和地球之间的小行星。伽利略并不赞同这个观点，他揭示了黑子的本来面目，追踪了它们的运动，还观察到了它们的增长、衰败和形状变化。伽利略向来是很自信的，但他的反对者却视之为傲慢甚至异端。怀着这份自信，他将黑子运动的原因归结为太阳大约每四个星期完成的一次自转。他这样写道：

它们是蒸汽也好，发散物也罢，或者是浮云，又或是太阳本身发出或者从别处吸来的烟雾，这一点不由我来决定——它们也可能是上千种我们未能理解的事物中的任何一种……我只想说，太阳上的暗点是在太阳表面制造并分解的，它们和太阳是互相接触的。

正是这些暗点决定了伽利略的前途。他在 1613 年出版的《论太阳黑子的信函》一书中首次提出了惯性定律，不过更重要的却是书中的政治意义：这是他第一次用文字表达了对哥白尼日心说的支持。不幸的是，他的强烈主张有时会激怒其他观察者。比起黑子的运动，更危险的是天主教会的地位，因为教会的天体学说遭到了质疑。

今天的我们已经知道，黑子诞生的根本原因是太阳的磁场。但是认清这个关系花了我们三百年的时间，之后又过了五十年，我们才明白了这个磁场为期 11 年的扭曲和翻转是如何在太阳表面引起爆发，又是如何创造出温度较低的黑子的。关于太阳表面还有一些细节等待研究；至于它的核心，则当时所有的模型都是错的。驱动太阳的能源究竟是什么？这个问题的答案谁都没有料到。

到 19 世纪下半叶，科学家越来越清楚地认识到了一件事：无论是地球地质的形成、还是达尔文所描绘的生物演化，都需要一段漫长的时间。要确定这段时间的具体数字还很困难，但是要容下这一切变化，看来少说也需要几亿年。也就是说，太阳的历史也至少要这么久才行。然而根据当时已知的能量产生机制，太阳又不可能有这么老：一只太阳大小的煤球以太阳的功率发出能量，只能维持几千年的时间，这和数亿年的要求实在差得太远。

当时的几位顶尖的物理学家都探讨了由生物学和天文学分别推出的太阳寿命的差异。开尔文勋爵和赫尔曼·冯·亥姆霍兹不约而同地提出了一个最有希望的答案，能将太阳的寿命拉伸至最长。他们主张，当太阳发生收缩，其中储存的引力势能会缓慢转变成热能。由此算出太阳的年龄是三千万年，这虽然已经长于先前的估计，但仍不足以容纳达尔文所设想的演化过程。

等到人类发现了放射性，这个矛盾才有了解决的希望，虽然这一点在当时尚不明了。当皮埃尔·居里和玛丽·居里分离出了镭，放射性的威力终于完全呈现了出来：小小的一块物质，居然能产生如此巨大的热量，而它本身却没有丝毫变冷。1904 年，即将成为核物理巨擘的欧内斯特·卢瑟福宣布：

放射性元素能在分解时放出巨大的能量，它们的发现拓展了这颗行星上生命的时限，也使得地质学家和生物学家所说的演化过程终于有足够的发生时间。

对于这个用放射性调和天文/物理与生物/地质的观点，当时年过八旬的开尔文勋爵有何感想？卢瑟福用比较随意的笔调做了记录：

我走进半明半暗的房间，立刻发现开尔文勋爵也在观众席上，我随即知道自己有麻烦了：我演讲的最后一部分说的是地球的年龄，而在这一点上我和他观点相冲突。幸好，勋爵很快就睡着了，我也松了口气，然而就在我说到要紧处时，却发现这位老手已经坐了起来，他睁开一只眼睛，对我投来了凶狠的目光！就在这时，我灵机一动，说开尔文勋爵限制了地球的年龄，因为他不知道一种新的能源已经问世。而这伟大发现正是我们今晚的主题，镭！这时再看！那老伙计冲我微笑了起来。

当然，太阳热量的真实来源并不是放射性，而是由氢到氦的聚变。不过两者也有些联系：它们都是核反应过程。严格地说，卢瑟福在1904年的声明说对了一点：放射性确实揭晓了新的能源，他只是不知道这种能量产生的特定机制——发现这一点是在15年后。到那时，研究者才靠谨慎的测量发现了一个氦核与四个氢核之间在质量上的差别。这个差别很小，但是换算成能量就非同小可了。爱因斯坦对于质量与能量关系的洞察（表现为那则著名的等式 $E = mc^2$）就强调了这一点。1920年，亚瑟·艾丁顿爵士[①]在英国科学促进会的主席讲话中向天文学同行指出，将氢与氦的质量差异与爱因斯坦的等式相结合，就可以说明氢核聚变或许是太阳能量的来源。

太阳的核心是一座巨大的核反应堆，在其中，每一秒都有10 000亿磅氢原子核转变成氦原子核。在这里说"原子核"而不说"原子"，

---

① 艾丁顿，英国天文学家及物理学家，首次用实验证明广义相对论。——译者

是因为太阳核心的温度太高，使电子都从原子中剥离并构成了一团类似气体的东西，而原子核就在这团气体中穿行。人类在 20 世纪得知，原子是由原子核以及周围比它轻许多的电子组成的。我们还知道，除了质子，原子核内还有中子，它们与质子紧密结合，构成了原子中的一块压舱物，有质量而没有电荷。

每磅氢原子在聚变中产生的能量相当于燃烧 2 000 万磅煤，它们释放能量的原理和氢弹爆炸相同。要完成由氢到氦的转变，太阳的核心温度就必须超过开氏 1 500 万度——这个数字是我们根据太阳的动力学以及聚变过程的核物理学推算出来的。令人安心的是，太阳中储藏的氢能够驱动这个过程长达几十亿年，这个时间足以使单细胞生物演化成灵长类动物，也足以使人类建立起复杂的文明。

到 1930 年代晚期，科学家已经了解了太阳核心产生能量的基本原理，但是对包含了温度和压力的链式核反应，他们还不十分明白。在华盛顿，我们的朋友乔治·伽莫夫觉得这个问题已经到了解答的时候。他和泰勒及默尔·图夫（Merle Tuve）发起了一个年度会议，召集同行讨论物理学中有趣的问题，1938 年的主题就是天体物理学，尤其是太阳核心的工作机制。

华盛顿的这个三人组联系了同事汉斯·贝特（Hans Bethe）。贝特是核物理大师，当时刚刚发表了三篇核物理论文，被人称作"贝特《圣经》"。他回忆道："我对天体物理毫无兴趣，于是就说我不去了。但是爱德华·泰勒劝我务必出席，结果证明，那大概是我一生中参加的最重要的会议。"与会后的六个月里，贝特详细勾画出了驱动恒星的核反应，还因此得了个诺贝尔奖。究竟是哪些核反应催化了由氢到氦的聚变？这些反应的速度又有多快？这都取决于太阳的核心温度。

我 13 岁那年对太阳工作原理的痴迷到今天还没有消退。有一项关于太阳的性质的精彩研究，在伽莫夫的第一、第二本著作中都没有提到，因为这是一项十分晚近的发现：那就是对太阳核心温度的直接测量。

宇宙浪荡徒

太阳的大部分能量是在太阳的核心产生的，然后在数百万年的时间里由内向外扩散，因此驱动太阳的秘密显然就藏在那个核心里。对于地球的核心温度，研究者知道得并不清楚，他们估计在开氏 5 000 度到 6 000 度，上下有 20% 的误差。不过说来奇怪，他们对太阳核心温度的了解倒精确得多。此外，我们还能用望远镜观测到的扎实数据证明我们的估值。

这里不能用光学望远镜，因为你无法看见太阳的中心；至少无法像看见平常的事物那样看见它。不过我们运气很好，能接收到来自太阳核心的一位信使。那是一种粒子，它从太阳的心脏飞来，并诉说着那里的温度。在诞生之后两秒多一点，这位敏捷的信使便会到达太阳表面；再过 8.3 分钟，它便会到达地球。它的名字叫中微子。

中微子是看不见、闻不到，也摸不着的。每一秒都有数千个中微子穿过你的双手，它们有的来自太阳，有的来自遥远的恒星，还有的甚至在宇宙大爆炸后几秒就诞生了。你永远感受不到它们的通过，它们也绝对不会使你的人生有丝毫改变，你的寿命不会因为它们的经过而有一秒钟的缩短或是延长。如果不是因为 1930 年代几个核物理实验中出现的一些神秘结果，根本就没有人会想到它们。然而事实却证明，这些中微子是宇宙演化中的关键角色。科学使人思索一些奇怪的事物，在这些事物中，没有几个比中微子更奇怪的了。我和一两千名同行花费了职业生涯中的许多时光来理解中微子的属性。在我们看来，自己能够获得允许甚至鼓励，去思索和测量宇宙的这个极其异常的成分并确定它的性质，这实在是一份莫大的幸运。

四十年前，还非常年轻的约翰·厄普代克[①]用诗歌描写了中微子的行为：

宇宙浪荡徒

中微子，小东西。

没有电荷，没有质量，

也从不交流。

地球只当作笨球，

等闲就能穿透，

仿佛清洁女工穿透通风的长廊，

或是光子穿透玻璃窗。

无视精巧的气体，

也不理结实的高墙，

钢铁不放眼里，何况黄铜叮当。

厩里有骏马又怎么样？

谁在乎阶级的屏障？

它穿透了你也穿透了我！

就像高而无痛的铡刀，轻轻落下

穿过头颅，穿过青草

穿过地球，夜入尼泊尔

从床底穿透

情人和他的少女——你说

这是奇迹，我却说它太无礼。

---

① 厄普代克，美国当代作家，曾获多项国际文学奖。——译者

在我刚开始研究生涯的时候，大家都认为中微子像厄普代克在第二行所写的那样，是没有质量的。但是现在我们认为，它毕竟还是稍微有点质量的，究竟多少还不知道。这份令人困惑的微小质量不到电子的万分之一，而电子已经是人类直接测量到的质量最小的粒子了。它肯定是没有电荷的，但是要说它"从不交流"，却也是不太准确的。

在非常、非常少有的情况下，一个遇上了中子的中微子会变成一个电子，同时也会将那枚中子转变成质子。在和许许多多中子擦肩而过的许许多多中微子当中，或许有一个会发生这样的变化。这个变化的方式和途径是恩里科·费米在 1934 年提出的，也是他创造了"中微子"这个名词，意思是"中性的微小粒子"，这样命名是为了和中子这种中性的庞大粒子（至少相对中微子而言）有所区分。

费米的中微子论文遭到了《自然》杂志的退稿，理由是"其中的猜想和现实相差太远，读者不会感兴趣"。《自然》错了，费米的这篇论文是一篇顶尖之作，这次退稿也成为了编辑失误的反面教材。今天，中微子与现实的距离依旧遥远，但它们已经常常在高能加速器的实验中出现、在核反应堆中现身了。不久之前，研究者甚至观测到了它们离开太阳核心的过程，并利用它们测量了那里的温度。

这个故事说的是技术高超的现代科学。我们许多人、或许大多数人，都偶尔会满怀眷恋地回想起昨日的时光：那时候的机器真简单，测量也能直接进行；但是如果只有尺子、钟表和温度计，科学的前沿就不会进展。现在，STM（扫描隧道显微镜）和飞秒激光已经成为了测量长度和时间的工具。记录温度也有了各种新的方法。没有什么比神秘的中微子更加异常、更加脱离日常的感官体验了，然而地球上的生活要能继续下去，最终还要取决于太阳的核心温度。

这个故事与厄普代克写下那首诗的时间大致相同。当时，两位物理学家约翰·巴考尔（John Bahcall）和雷·戴维斯（Ray Davis）分别发表论文，提出了一种探测太阳中心发出的高能中微子的方法。巴考尔和戴维斯寻找的那种中微子是在一种罕见的高温核衰变中产生的，而在太阳中只有一个地方能满足产生这类中微子的必要条件，那就是太阳的核心；而这类中微子的产生又需要足够高的温度。因此观察这些中微子，就能测出太阳的核心温度了。

出人意料的是，在地球上寻找这些太阳中微子的最佳场所（其实也是唯一的场所）却在地下深处。为什么要深入地下，而不在地球表面寻找呢？因为中微子能轻易穿透数英里厚的岩层，而来自外太空的其他信号会被岩层阻挡。如果在地面测量，就无法区分一个罕见的中微子信号和其他较为频繁的信号了。

两人中间，巴考尔是理论家，他估算出了核衰变产生的太阳中微子的数量；戴维斯是实验者，他描述了寻找这些中微子所需要的工具。戴维斯选了一个富含氯化物的奥运会标准泳池作为测量场所。在相当罕见的情况下，来自太阳核心的高能中微子会将一个氯原子核转变成一个氩原子核。在这个过程中，氯核中的一个中子也会变成质子。为了这个实验，戴维斯需要大量液体形态的氯，而价格低廉且容易买到的四氯乙烯（也就是洗衣液）自然就是首选——在他准备实验时，批发商看了他的订单规模，以为他在经营一家连锁洗衣店。可惜中微子的这种反应实在太过罕见，据戴维斯的估计，就算有了一整个奥运会标准泳池的氯，每天也只会产生一个氩原子；和这个相比，在干草堆里找一根针倒是小儿科了。但是他依然认为，自己一定能找到那个原子。戴维斯当时在布鲁克黑文国家实验室工作，今天他是我在宾州大学的同事。

氯罐必须放在地下深处，以保证氩原子的确是由太阳中微子造成，而不是来自别处。设备放得越深，测量就越精准。这意味着他要找一个金矿，因为世界上最深的矿洞都是金矿。在政府的资助下，戴维斯在南达科他州霍姆斯特克金矿提供的一个矿洞里组装了泳池，并充满了四氯乙烯。专业的采矿人员成了他的帮手，所有设备都用矿工乘坐的那部电梯送入了地下。物理学家和矿工们戴上同样的安全帽，一组人去寻找传统的金矿，另一组去用中微子望远镜采掘科学的金矿。

在实验进行的二十年中，戴维斯和同事并不是每天发现一枚氩原子，而是三天才发现一枚。他们原先估计的中微子出现频率取决于太阳核心温度的 25 次方。如果太阳的核心温度比巴考尔的计算高一点，就会每天出现一个以上的氩原子；如果这个温度比他的计算低 10%，就会每三天才出现一个氩原子。当时，包括我在内的大多数中微子专家都认为，要么是实验出了纰漏，要么是模型对太阳核心温度的估算有了一点误差。然而我们都错了。

今天已经有了新型的中微子探测器，它们的原理和当年完全不同，甚至能看清中微子飞来的方向，但它们的观察结果和戴维斯的实验是相同的。我们现在还知道，巴考尔当时的计算也是正确的。这样看来，就是中微子在从太阳核心飞到地球的途中发生了什么意外了。有一种解释较为可信，也得到了最新测量的证实，那就是太阳核心产生的一些中微子会在飞到太阳表面的两秒钟内改变身份，而这个比例或许就是三分之二。它们的确如理论估算一般诞生了，但是戴维斯的设备只能检测到不变的那些。

所有的谜题目前都在庞大深邃的地下实验室中被研究着，它们在阿尔卑斯山，在罗马附近的大萨索山，在俄国巴克桑的乌拉尔山，在加拿大的萨德伯里，还有南达科他州的一个盛着洗衣液的游泳池。中微子望远镜的概念总是令我着迷：中微子很少与外界发生作用，这意味着它们从太阳内部飞出后会直接穿过地球。每过三天，那些离开太阳核心的中微子才有一枚在那个泳池中止步。而正是泳池中的那些中微子告诉我们，太阳的核心温度是开氏 1 570 万度；这个测量的误差小于 1%！

加拿大安大略省萨德伯里的中微子探测器，拍照时仍在建造，现已满负荷运营。

热力旁白：伽莫夫、卢瑟福与核势垒

为什么太阳核心发射的中微子如此敏感地依赖于温度？要回答这个问题，就要说到量子力学、说到实验核物理学的开端，还要说到我最喜欢的两位物理学家。

欧内斯特·卢瑟福的父母是新西兰最早的一批欧洲定居者，本章已经提到过他一次，他宣称放射性是太阳热量的来源。1890 年代末，卢瑟福发现氦原子核（当时叫做"α射线"或"α粒子"）来自放射性物质。十五年后，他又用α射线轰击一层薄薄的金箔，以研究金的原子结构。当时最流行的原子理论是 J·J·汤姆森提出的，汤姆森是剑桥大学卡文迪许实验室的主任、诺贝尔奖得主，也是卢瑟福的导师和教师。汤姆森提出了所谓的"葡萄干面包模型"：一个正电荷均匀分布的背景上镶嵌着略带负电荷的电子，共同构成了一个电荷为零的原子。在汤姆森看来，α射线会直接贯穿金箔，不会反弹。

和导师的估计相反，卢瑟福发现α射线偶尔会沿大角度散射开去，有时甚至会直接反弹回来。他这样形容："这就好比是朝一张餐巾纸发射了一枚 15 英寸炮弹，结果炮弹却反弹回来击中了你。"可能的解释只有一种，那就是原子的所有正电荷都集中在一个微小的正核上（卢瑟福称之为"原子核"）。一般情况下，带正电的α射线的确会贯穿金箔，但是当它接近原子核时，就会遇到强大的电斥力，并发生大角度散射。那么这个原子核有多小？一般来说，它的直径只有原子直径的百万分之几、甚至千万分之一。

到 1928 年，卢瑟福已经是传奇人物，他是诺贝尔化学奖得主、世界顶尖的实验物理学家、原子核的发现者，还从汤姆森手中接过了世界一流的核物理实验室——卡文迪许实验室的主任头衔。他仍然积极地从事研究，但是他弄不懂为太阳核心提供热量的核反应的细节。在研究放射性时，他观察到了α粒子（也就是氦原子核）从大型原子核中泄漏出来的现象。他问自己：这些α粒子是暂时寄居在大型原子核内部，后来跑了出来，还是在别的东西跑出来的同时才诞生？这种泄漏现象应该怎么解释？

卢瑟福是实验大师，他对年轻人用量子力学玩弄的数学魔法是怀疑的，尤其是数学并没有解答他的疑惑。漫无头绪的他写了一篇论文，里面列出了核衰变问题的种种参数。伽莫夫当时正在哥本哈根，他读到这篇论文，觉得自己有答案。他和波尔谈了谈，波尔随即派他去了剑桥。于是 1929 年初的一天，卢瑟福发现门口来了一个二十四岁的俄国人，他身材很高，说着一口磕磕绊绊的英语。这个名叫伽莫夫的年轻人很快向他解释了如何用新发现的量子力学定律解决核衰变问题。他提出了"伽莫夫因子"（Gamow Factor），也就是一个粒子穿过势垒的量子力学概率。

较大较重的原子核会发出一股核力，并形成势垒（barrier），将氦原子核关在内部。但是正如伽莫夫所说："量子力学里没有不可穿越的壁

欧内斯特·卢瑟福（右）和助手 J·A·拉特克利夫（J. A. Ratcliffe），他们身边是用来探测 α 粒子的装置。

垒。"另外，氦原子核穿透势垒，出现在大原子核外部的时间，与量子力学的计算结果正好符合。

这里所说的势垒其实有两种，很有必要区分开来。这两种势垒分别是核力和电动力，核力比电动力强大得多，但是只能在极短的距离内作用。它将质子和氦原子核紧紧束缚在较大的原子核内部。如果没有了这个束缚，质子和氦核就会朝不同方向飞走，因为它们都带正电，互相排斥。核力克服了这个排斥，由此建起了一道禁止外出的势垒。然而伽莫夫已经说了，没有不可穿越的势垒。原子核会衰变。

大多时候，这道由强核力构成的势垒都能将质子或氦原子核关住，使它们无法离开较大的原子核。第二道势垒是电动力，大多时候，它也能阻挡外界的质子或氦原子核，使它们无法进入某个原子核。一个外界的质子或氦原子核在接近一个较大的原子核时，它们首先受到的是那个原子核的长距离电动斥力，根本来不及靠到近处接受短距离的核力吸引，所以在正常情况下，它们都会飞走。但是外界的温度越高，从外面飞来的粒子能量就越强，而飞到原子核附近的可能性也就越大。不过随着它们的接近，电动斥力也越来越强，这道电势垒似乎是不可逾越的。

然而伽莫夫向卢瑟福强调，这道势垒毕竟是可以逾越的。如果原子核在外界粒子进入后变得不稳定，它就会开始分解。逾越势垒需要特定的温度条件，这也正是从太阳核心发出的中微子对温度十分敏感的根本原因。在用实验探索粒子对势垒的逾越之后，卢瑟福决心建造能够分解原子核的加速器。不过那就是另一个曲折的故事了。

原子核分裂的术语是"裂变"，原子核结合的术语是"聚变"。这两个过程都会发生，而且温度都在其中起了作用，尤其是在聚变中。在太阳核心的高温高压环境里，原本因为电动力互相排斥的质子被挤压在一起，聚变成了氦原子核，这个过程中释放出巨大的能量，那就是太阳的能量之源。

一颗恒星的诞生

地球的中心温度是几千度。小的恒星或者太阳这样的中等恒星，中心温度是几百万度。一颗大型恒星（比如体积是太阳的 25 倍大），其中心温度可以达到几十亿度。这意味着什么？这样庞大的恒星，会不会发射中微子？如果会，是哪一种中微子？我们又如何测量它的中心温度？我们来看一些与恒星的诞生和死亡有关的历史记录。

根据亚里士多德的信条，一颗恒星既不会死亡也不会诞生，这个观点到了 16 世纪的欧洲仍是公论。第谷·布拉赫属于望远镜诞生前的最后一代天文学大师，1572 年 11 月 11 日傍晚，他吃罢晚餐外出散步。望着熟悉的夜空时，他忽然注意到那里出现了一颗新的恒星，这与亚里士多德的宣言正相反。他看得真切，不可能弄错。后来他这样述说了当时的情形：

我觉得很吃惊，人好像怔住了，我呆呆地站着，对天空仰视了许久，我的眼睛专注地凝望那颗恒星，它位于古人称为"仙后座"的那几颗恒星附近。当我确认了这个位置从未有过任何恒星之后，我不由得为这个不可思议的东西大感困惑，甚至怀疑起了自己的眼睛。

第谷看见的东西，我们今天称为"超新星"。但是第谷并不知道，他不是第一个看见超新星的人。1054 年 7 月 4 日，中国和日本的天文学家就记载了蟹状星云中出现的一颗明亮的新星。中国宋代的宫廷天文学家杨惟德这样写道：

伏睹客星出现，其星上微有光彩，黄色。谨案《黄帝掌握占》云：

客星不犯毕，明盛者，主国有大贤。[1]

当年夏天，还有一份阿拉伯语文献记载了一颗"athari kawkab"（明亮的恒星）。亚利桑那州纳瓦霍峡谷有一幅岩画也可能记载了相同的事件。我们的祖先肯定还目睹过其他超新星。有人甚至猜测，将三位贤士引向婴儿耶稣的那枚亮星就是其中之一。第谷的观测之后，只过了三十二年就又发生了一次超新星爆发事件。开普勒不仅看见了这颗恒星，还持续观察了一年，直到它渐渐黯淡。伽利略也在帕多瓦举办的讲座中说起过它。

从许多方面看，恒星的生命都是相当简单的；至少比它的死亡要简单。引力的吸引使它向内收缩，造成巨大的压力，中心压力比表面高出几十亿倍。为了与这股向内的压力抗衡，恒星的中心产生热量、向外扩张。恒星的体积越大，它的中心就需要越热，因为这样才能防止塌缩。向内的引力和向外的热力，这两股力量会一直抗衡到恒星生命的尽头。

太阳或是比太阳稍大几倍的恒星，它们的生存都有赖于氢核聚变。到了生命的后期，当压力和温度都升高到一定程度，氦核就会进一步聚变成碳核或是氧核。四个氢核占据的空间超过一个氦核，所以由氢到氦的聚变会导致压缩，而压缩又会使恒星内核的温度上升。这使得恒星更快地燃烧，并发出更大的光亮。科学家认为，太阳在过去四十五亿年间是不断变亮的，在此期间，它的能量输出增加了近30%。

太阳的输出能量不断增强，这个观点为我们思考地球的历史制造了一点麻烦，因为它说明太阳的过去比现在冷，而这又说明地球的过去也比现在冷。如果没有其他因素的干预，地球的海洋就应该一直冻结到了大约十五亿年之前；然而事实不可能是这样。据我们所知，液态水在地

---

① 原文见《宋会要》。——译者

球上至少已经存在了二十亿年。要解决这个矛盾有一种可能，那就是当时的二氧化碳浓度比今天高1 000倍。后来地球的温度上升，很可能又有一个反馈机制把二氧化碳的浓度重新控制住了。这个机制在太阳光度较低的时代使得海洋保持液态，并在后来的岁月里使二氧化碳的浓度降到了接近今天的水平。

既然太阳的光度不断升高，我们还可以就此预测出地球的表面在未来的样子。前景并不美好。大约十亿年后，地表的温度会升高到水的沸点，届时就只有超嗜热菌才能生存了。那之后再过不久，地球会步入金星的后尘，温度继续飙升，大气充满毒性。到了那时，地球上的一切生物都将灭绝，五十亿年的生命记录将从此消失。然而地球本身并不会灭亡，它还将死气沉沉地继续存在几十亿年。

不过，加州大学圣克鲁兹分校的唐纳德·柯利坎斯基（Donald Korycansky）在不久前提出，生命还是有一线希望的。如果我们能够驾驭一颗直径约50英里（约80公里）、重量略大于1 000万亿吨的小行星，那么每隔六千年，我们就能用它来将地球在太阳系中往外推一点点，以此抵消太阳增加的光度。这颗小行星需要向地球传递一些能量，然后迅速飞到木星之外去补充能量。然后，人类会用火箭改变它的轨迹，使它返回地球附近，给我们的行星再推一把，接着再次飞走，重启循环。几十亿年之后，地球就会移动到今天的火星轨道附近。这听起来荒诞不经，但想想还是颇有意思的。

那么太阳又将走向怎样的结局呢？一旦太阳核心的氢元素耗尽、达到了最高温度，它外层的氢就会开始燃烧。太阳将会向外膨胀，形成一团云雾，这团云雾会渐渐降温，表面从开氏5 800度落到3 500度，颜色也会由黄转红。这时它就变成了一颗红巨星、一团灼热松散的气云，一直扩张到今天的火星轨道。等到全部燃料耗尽，太阳又会开始冷却收缩。到那时，地球早已消失、被那团热云裹挟蒸发了，它或许还剩下了一些岩石颗粒，而这些颗粒正是近百亿年前构成它的基础。太阳从一颗普通恒星膨胀成了红巨星，现在又将收缩成一颗白矮星开始新的生命，直到最终归于虚无。

比太阳更大的恒星中心压力更大、温度也更高，它们的核反应链比太阳长，死法也和太阳不同。我下面要描述的这种死法，属于体积相当于太阳 10 倍至 40 倍的恒星，这种死法已经在我们的银河系里发生了1 000 万次。典型的"压缩与加热"模式在越来越短的时间内将恒星的核心推向越来越高的温度。每一个阶段，都会有一种更重的原子核成为这个核心中的主要物质。在 4 000 万度时是氦核，接着依次是碳核、氧核、氖核和硅核。到了硅核阶段，恒星的核心温度已经达到了几十亿度。最后的阶段是硅核聚变成铁核，这只需要一天的工夫而已。

这个变化的每一步都会释放能量，使恒星维持一段时间。但是变化终会结束。铁原子核需要能量来聚变，但这时能量已经耗尽。这条核反应链已经没有了下一环，也没有了向外的压力来抵消引力的挤压，于是恒星开始迅速塌缩。短短几秒之内，原本比地球还大的恒星内核，就内爆成了只有一个中等城市的大小。先前在聚变中形成的原子核正像洋葱般层层包裹在内核周围，这时它们也感受到了塌缩的效果。由于失去了脚下的支撑，它们也开始向内塌陷，在撞到刚刚形成的内核外壁之后又向外反弹，四散飞去。一颗曾经伟大的恒星，现在只剩下中间的一点残骸了。

除了氢、氦和少量的锂、铍，宇宙中的大多数物质都是在这样的爆炸中产生的，其中包括铁、镁、硫、碳、氧、氖等。这些元素在巨大的恒星熔炉中锻造，又在恒星的突然死亡中播撒出去。构成地球的所有物质，几乎都是在这些大号恒星的内部产生，然后在它们走向壮烈的终点时抛进茫茫太空的。

这些恒星死亡时发生的爆炸是我们这个宇宙中最宏大的事件。一连几个月的时间，爆炸的光芒都比同一星系中的几十亿颗恒星相加还要耀眼。不过它虽然明亮，我们却只能"看见"爆炸中释放能量的1%。恒星内核塌缩的时候，其中的电子和质子会挤压到一起，每一对电子和质子都会转变成一个中子和一个中微子。这些中子会聚集起来，形成一股致密的流体，每一汤勺的物质都有100万吨的重量。而那些中微子则会从内核向外飞驰，但它们不会马上飞走——即使是善于脱逃的它们，也要被囚禁一段时间。虽然能毫不费力地穿过厄普代克称为"笨球"的地球，这时的中微子却同样感受到了周围致密的环境造成的压力。不过它们终究还是会逃脱，并带走爆炸中释放的99%的能量。由于恒星的内核密度太高，平常1毫秒就能飞越的距离，这时却要走上10秒，而在这10秒的时间里，它们也和周围达成了热平衡。等到终于离开时，它们已经带上了这个塌缩内核中几十亿度的高温记忆。

1940年，乔治·伽莫夫和巴西物理学家马里奥·勋伯格（Mario Schoenberg）写下了第一篇论文探讨大量中微子为塌缩的恒星内核降温的机制。伽莫夫带着一贯的幽默，将这个过程命名为URCA，那指的是里约热内卢的乌卡赌场（Casino de Urca），因为在那里，金钱总是飞快地从赌徒的口袋中流出。考虑到他们投稿的《物理评论》学刊可能会询问这个简称的由来，伽莫夫另外准备了一套说辞，说URCA代表的是"无法记录的冷却机制"（unrecordable cooling agent）；说它"无法记录"，当然是因为谁也没见过中微子。幸好学刊没有多问，URCA的名字就此流传开来。

像这样爆炸的恒星，在过去五十亿年中至少有过1 000万颗，因此每过一两百年，我们就应该能凭肉眼目睹一次，就像杨惟德、第谷、开普勒和伽利略曾经目睹的那样。不过，要观测从爆炸恒星的内核发射的中微子并确定内核的温度，那可就困难多了。

黑洞和小绿人

从开普勒 1609 年的观测之后，直到 1987 年，无论是银河系还是附近的麦哲伦星云，都没有再出现过骤然爆发的超新星。但事情到 1987 年 2 月 23 日起了变化，当加拿大天文学家伊恩·谢尔顿（Ian Shelton）研究大麦哲伦星云的恒星时，他发现自己的照相底片上出现了一个先前不曾注意到的光点。他起先以为这是底片上的一点瑕疵。他的天文台位于安第斯山脉高处，这里的夜空应该是十分清澈的，他觉得应该去检查一下底片。他走出门，仰望夜空，发现那并非底片的瑕疵，而是一颗明亮的新星出现了。

一枚超新星正在闪烁，天空中出现了一点离我们不远的亮光——这就好像是第谷·布拉赫在四百一十五年前目睹的景象。谢尔顿在安第斯山脉的落脚处报告了这个消息。除他之外，新西兰的天文学爱好者阿尔伯特·琼斯（Albert Jones）也发出了报告，他看见这个光点比谢尔顿还早了一个小时。消息迅速传开，全世界的天文学家都检查起了自己的底片，想要确定这颗超新星最早出现的时间。较早的底片显示，那个位置原本是一颗蓝超巨星，桑度列克－69202（Sanduleak－69202），正是它的死亡发出了这片灿烂的光芒。这颗超新星第一次记上胶片的时间是 1987 年 2 月 23 日的世界时间（也就是格林尼治时间）10 点 38 分。

琼斯和谢尔顿是在 1987 年 2 月 23 日观测到这次超新星爆发的，但它爆发的实际时间却要比这早得多。这颗恒星十分遥远，它的光芒要十七万年才能到达地球。而太阳光芒照到地球只要八分钟，相比之下，那颗恒星之远就可以想见了。这颗超新星的亮度提醒我们爆发是何等的剧烈。但是不要忘了，在这次爆发中，有 99% 的能量都被穿透恒星外层的中微子带走了。中微子的速度几乎等同于光速（也许比光稍微慢一些，但这不重要），它们从那颗恒星到达地球，也用了十七万年时间。

光信号和中微子信号之间有一个重要的分别：光线从爆发的云团中散出需要几个月、甚至几年的时间。恒星塌缩之后，要过几个小时才会闪出第一道光芒；而中微子只需要十秒就能大量飞出了。要建造并维护一套装置，使之观测一个如此遥远的天体发出的仅有十秒的中微子爆发，实在不是易事。反过来说，如果它只有这么一个本事，那它就根本不会被造出来，因为这样规模的超新星爆发几百年才会发生一次。说来真是幸运：在 80 年代初，世界各地就建起了和雷·戴维斯的装置相似的中微子探测设施，它们在俄亥俄州的莫顿盐矿，在日本的神冈山，也在俄罗斯乌拉尔山脉的巴克桑。这些设施的主要目的是寻找理论假设的非常罕见的质子衰变。由于设计时富有远见，它们同样能够探测距离地球较近的超新星爆发时短暂放出的中微子，并推算它们到达的时间。我所在的大学就有一队人马，在神冈山装置的建造中发挥了很大的作用，我因此得以知道这部装置的能耐，但是我没有料到它真的能看见一颗超新星。

这是一部相当先进的装置，就算没人在场也能自动对天文事件做出电子记录。1987 年 2 月，在对那次爆发的光学观测之后，各个中微子观测站的人员都检查起了各自的装置记录到的事件，希望能从中看见 5 到 10 个中微子发出的信号。这是一次规模庞大的事件，大约有 10^{57} 个中微子飞出了超新星，并在天空中平均分布。其中有 10^{30} 个中微子到达了地球，研究者估计，每部中微子探测器都应该会记录到几个。中微子确实来了，相当准时。1987 年 2 月 23 日世界时间 7 点 35 分 40 秒，每部探测器都记录到了一阵持续十秒的爆发，这个时间比第一个光斑出现在照相底片上早了三小时多一点。其中神冈记录了 11 个中微子，莫顿记录了 8 个，巴克桑 5 个。我当时人在英格兰，一位同事兴奋地打来电话（换成现在肯定是发送电邮了），告诉我他们在神冈的数据中发现了中微子信号。我还记得诺奖得主卡洛·鲁比亚（Carlo Rubbia）当时的一句话："太阳系外中微子天文学从科学幻想变成了科学事实。"而这一切都发生在十秒钟内。

符合预测的不仅仅是中微子的数量和出现的时间。当中微子从恒星内核逃逸时，它们都处于热平衡状态。巴克桑、神冈和莫顿的团队研究了各自的数据，并推算出了这些中微子携带的能量——如果它们在十七万年的飞行中不曾变化的话。分析显示，这些中微子反映了 1 000 亿度的热分布——那就是它们离开时恒星内核的温度。理论和证据如此吻合，简直令人不敢相信。

但这还是留下了一些谜题：超新星爆发会释放巨大的能量，然而这个时候，恒星中的核燃料应该已经用光了。那么是什么驱动了爆发呢？说来也挺有趣：当年开尔文勋爵和赫尔曼·冯·亥姆霍兹在解释太阳的寿命时，已经各自回答了这个问题，而在那之后一百年，才有人思考快速塌缩的恒星。开尔文与亥姆霍兹提出引力收缩是太阳输出能量的一个重要来源，而当一颗大号恒星的核心塌缩为一个半径 10 英里（约 16 公里）的天体时，它的引力势能更是会发生巨大的变化。因为能量守恒，减少的引力势能必然会以另一种形式重现。它的一部分转化成了辐射，但绝大部分都转化成了中微子的动能。在短短的十秒之内，这些中微子带走的能量就相当于太阳在一百亿年中所释放的能量。

恒星塌缩时的核心温度是 1 000 亿度，但是似乎没有什么道理规定这就是温度的顶点。为什么就不能是 10 000 亿度，或者 100 万亿度呢？毕竟，开尔文和亥姆霍兹的热理论只是能量守恒的一种形式罢了。就像一只滚下山坡的圆球会将势能转变成动能，一枚中子在从恒星表面落入核心时，也会获得能量。一颗质量 50 倍于太阳的恒星，在爆发前的核心温度可能超过 1 000 亿度吗？其实不会。这颗质量 50 倍于太阳的恒星会终结于一个黑洞，那是一个完全的吸收体，不放出任何东西。一切都进得去，却什么都出不来。

当足够大的质量塌缩到足够小的空间，它的表面就再也没有什么东西能逃脱它持续增长的引力场了。所谓"足够小"，是指将太阳缩小为一个直径 1 英里（1.6 公里）的圆球，或者将地球缩小为直径只有 1 英寸（2.54 厘米）大小。这样大的密度显然是超乎想象的，但是物理定律并没有排除这个可能。你或许以为，从这样的天体上发射一个信使，只要它的起飞速度够快，或者它就是不带质量的光线本身，它就能够逃脱引力的控制。但是爱因斯坦对于物质和光的高明见解已经堵死了这个漏洞。在提出狭义相对论时，他意识到任何信号都不可能比光速更快。一个有质量的物体想要逃脱引力就必须超越光速，然而这是不可能的。至于光本身，爱因斯坦在质量和能量之间建立了联系，并证明了引力最主要的对象是能量，而不仅是物质。光携带能量，因此也无法逃脱引力。黑洞就是黑洞。没有什么能从里面出来。

关于黑洞的严肃科学讨论始于 1930 年代，但在当时，找到黑洞存在的证据还显得太渺茫了。在黑洞形成之前，一个大质量恒星的内核先会形成一个由中子构成的球体，这听起来不像黑洞那么古怪，但是也不比黑洞容易多少。在 1960 年代之前，一颗直径只有几英里的恒星发出的辐射都还不在天文学研究的范围之内。

1967 年末，年轻的剑桥大学研究生乔斯琳·贝尔（Jocelyn Bell）正守在英格兰的乡间，在一片占地 4 英亩的射电望远镜阵列旁研究辐射信号。她注意到天空中的某一点正传来十分规律的信号，每 1.337 300 1 秒重复一回。她和论文导师安东尼·休伊什（Anthony Hewish）没有立即公布这个结果，因为她们担心公众会草率地认为这是外星人在和我们联系。起初，她们给自己的发现起了个异想天开的编号：小绿人。后来，当周期各不相同的第二个、第三个小绿人出现时，她们才确定了这信号来自一颗恒星，而不是召唤我们的外星人。

有一点是清楚的：无论那是什么恒星，它的直径都不会超过几百英里，因为发射信号的天体在比一秒略多的时间内就自转了一周，如果是任何体积较大的天体，以这样的速度自转早就解体了。他们迅速排除了白矮星，因为一颗典型的白矮星直径为 5 000 英里（约 8 047 公里），要在一秒内旋转一周，它的表面速度就要接近光速才行。这个结论惊动了许多天文学家，因为他们大多认为恒星会在临死时抛出大量物质，然后以白矮星的面貌重生。

最后，嫌疑落在了中子星和黑洞头上，但是谁也不认为这两种天体会周期性地辐射巨大的能量。超新星爆发后留下的核心又小又冷，而且高速旋转。就像溜冰者在收起双臂后转速会加快一样，一颗恒星在缩小之后也会更快地旋转。当它的直径缩小 10 英里（16 公里），就能轻易地在一秒钟内自传一周了。那么，中子星又是如何辐射能量的呢？说到这里又有一个出人意料的事实，那是一个在中子星的早期研究中被匆匆略过的细节。

地球有磁场，太阳也有一个强得多的磁场。如果你压缩一颗恒星，使它从一颗大号恒星变为一颗中子星，它的磁场就会压缩并且增强。一颗高速旋转的中子星，它的磁场也和它的转轴成一定的角度，就像地球的地理北极和地磁北极并不重合一样。当中子星的磁场指向地球（也许每秒发生一次），它就会如同灯塔的探照灯一般，将辐射投向我们。因为它的这种奇怪性质，也因为它的辐射在地球上看起来如同脉冲，高速旋转的中子星现在常常简称为"脉冲星"。

我们曾经认为脉冲星有着宇宙中最强大的磁场。但是 1998 年，天文学家又发现了"磁星"，那是磁场更强的一类恒星。磁星的磁场之所以超越了脉冲星，或许是因为它们也像太阳产生黑子那样发生了翻转，又或许是像脉冲星一般发生了压缩，也可能是有什么别的原理。也许答案相当明显，只是我们还不懂识别。我们研究太阳黑子已经有三百年了，研究脉冲星也有三十年，而研究磁星才不过三年而已。科学研究的步伐是越变越快的。

一旦发现了脉冲星，对黑洞的观察就变得越发仔细了。讨论黑洞的温度有意义吗？起初答案是否定的。一颗恒星的表面温度是通过测量它的表面辐射来确定的，然而黑洞并不发出辐射——它的引力太强，什么都逃不出来。这个见解直到 1975 年才被打破，那一年，斯蒂芬·霍金在这个理论中找到了一个漏洞，他发现量子力学中的一个细节允许黑洞发出辐射，甚至允许它具有温度——这就是霍金辐射。

霍金更进一步，将黑洞的熵（一个度量内部信息的物理量）和它的温度概念联系了起来。对于一个普通的黑洞，霍金所说的那种辐射是小得无法测量的，但是黑洞和信息的这道联系已经成为了一片重要的测试场，超弦理论中的那些统一量子力学和广义相对论的想法，在这里都可以得到验证。黑洞的温度虽然微不足道，却也引出了一些新的谜题。或许它也提供了这些谜题的答案。

对于恒星内部、塌缩恒星，甚至是黑洞温度的理解，使我们有胆量回顾恒星诞生之前的时代，研究早期宇宙的温度，并揭晓它是如何塑造了后来产生的一切。

基础元素：氢和氦

早期宇宙的历史可以用三件事来概括：体积增加，时间流逝，以及温度下降。这又一次对应了尺子、钟表和温度计这三种工具。就我们的宇宙而言，这三件事讲的是同一个故事：随着空间扩张，时间流逝，温度也下降了。其中只有一个过程需要具体研究，宇宙学家选择了温度。

斯蒂芬·温伯格是诺贝尔物理学奖得主，也是过去五十年中一位影响巨大的理论物理学家，他对宇宙学怀有长期的兴趣。1976年，他写出了一本精彩的科普书，其中记载了宇宙在最初三分钟里的温度变化，也描述了许多富有才华和远见的科学家的研究。在这本《宇宙的最初三分钟》里，他的叙述是从1 000亿度开始的：

　　和后来相比，此时的宇宙还显得简单而易于描述。它的内部盛着一团由物质和辐射组成的没有分化的浓汤，其中的每一个粒子都和其他粒子快速碰撞着。这时的宇宙虽然迅速扩张，却接近完全的热平衡状态。

　　这时，大爆炸刚过去百分之一秒，宇宙中的质子和中子数量相同。如果不是两者之间微小的质量差异（大约两千分之一）以及自由中子的衰变，它们的数量到今天都会是相同的。就我们所知，质子能永远存在，而中子不能。按照费米在1934年提出的中微子理论，一个中子如果不是安全地封锁在一个原子核内部，就会衰变成一个质子、一个电子和一个中微子。一旦进入原子核，它就获得了永生，除非那个原子核具有放射性，不过这种情况很少，不必在这里讨论。

　　所有早期的质子和中子都会两个与两个合并，形成氦原子核，这是一种非常稳定的物质形态。不过这也有一个条件，那就是宇宙的温度要够低，使刚刚形成的原子核不被辐射打散。这大约发生在宇宙诞生后的四分钟，这时的宇宙已经冷却到了开氏10亿度。氢核与氦核的比例也永久固定了下来，大约是10比1。

　　氢原子和氦原子是在几十万年之后形成的，当时周围的温度已经下降到了开氏3 000度。为什么原子核的形成温度是数百万度，而原子只有几千度呢？道理其实很简单：在热平衡状态下，辐射的能量和密度都是温度决定的。如果早期宇宙温度太高，辐射就会将任何刚刚形成的结构打散。原子核内部有强力维系，因此能经受10亿度以上的强力辐射；

而维系原子的只是电子和原子核之间微弱的电荷吸引，所以它出现的时间要晚得多。原子大约形成于大爆炸之后的三十万年，这也是宇宙中的可见物质最后一次处于热平衡状态。在这之后，宇宙就不能再用一个单一的温度来描述了。

又过了十亿年，物质密度的微小不同开始扩大，并形成了巨大的团体。氢和氦聚成了云团，而这些云团的中心又出现了同样由氢和氦构成的恒星。较大的恒星在其中心制造出较大的原子核，随后爆炸，将物质抛洒到星际空间，接着这些物质又重新聚合，并产生新的恒星。

尽管如此，宇宙的主要成分却依然是氢和氦。这一点只要看看太阳的化学构成就明白了。我们的太阳虽然年轻，在宇宙一百五十亿年的历史里只占了五十亿年，但是构成它的物质仍然是 91% 的氢和 9% 的氦，两者仍然是 10∶1 的比例，其他所有元素相加还不到 1%。

不过，你可不要指望在地球上找到这个 10∶1 的比例，因为地球是超新星的碎片形成的一个反常石块。当第谷·布拉赫和伊恩·谢尔顿在观察天空中的超新星爆发时，他们自己也正站在从前一次爆发的余烬上。在宇宙学中，一些老话往往会获得奇怪的新意思，你若是听不懂就会觉得它在亵渎，但其实它只是在表达谦逊而已。比如《圣经》里描绘凡人一生的那句"尘归尘，土归土"，在宇宙学里，它同样可以用来描述地球在宇宙中的生命历程：地球诞生于超新星爆发的灰烬之中，它的核心里装着铁和铁镍合金的混合物，而这些元素的原子核都是在那些巨大恒星的核心中孕育出来的。将来有一天，我们的太阳会膨胀成一颗红巨星，到了那时，地球也将再次化为灰烬。

这就是我们这个宇宙大致的温度历史：最初是几千亿度，后来冷却到了几千度。然而这么说有什么证据吗？一条证据是宇宙中的氢氦比例和这个冷却理论的估计相吻合。还有一条证据更加直接，它在 1964 年被发现之后，就此改变了宇宙学研究的面貌。

三度的质子，两度的中微子

1950 年代早期，伽莫夫和两名年轻的合作者，拉尔夫·阿尔菲（Ralph Alpher）和罗伯特·赫尔曼（Robert Herman）一起提出了一个模型，它描绘了一个炙热的早期宇宙，其中充满中子和辐射，且处于热平衡状态。中子立即衰变成了质子、电子和中微子。随着环境的冷却，质子和没有衰变的中子组成了原子核，最后电子也吸附到了原子核上，形成了原子。

我们现在知道这幅图景是不正确的。宇宙诞生的时候不是只有中子，还有数量相同的质子；电子和中微子也一早就产生了，就像辐射。不过，这三位毕竟首次探讨了一个问题：早期的宇宙在爆炸并且膨胀冷却之后，还留下了什么可以观测的结果。天文学家弗雷德·霍伊尔（Fred Hoyle）创造了"大爆炸"一词来调侃这些早期的研究。谁想到阴差阳错，这个词竟然传了下来。

三人甚至想到，早期宇宙的辐射或许到今天仍然可以见到。在 50 年代，还没有人寻找大爆炸残留的痕迹，因为伽莫夫的预言太模糊，早期宇宙的概念太遥远，而实验所需的技术也太不成熟了。60 年代有了技术，但那个早期宇宙仍然显得遥不可及。

早期宇宙残留的辐射，或者精确地说，是原子形成时残留的辐射，是在一次意外中发现的。1964 年，贝尔实验室的两位年轻工程师阿诺·彭齐亚斯（Arno Penzias）和罗伯特·威尔逊（Robert Wilson）正在追踪银河系中心发出的无线电噪音。为了校准，他们将天线对准了寂静的夜空，与银河系的中心呈 90 度角。这时天线中传来了一个低频信号，无论将天线转向何方，这个信号都始终存在。

这个辐射信号并非来自地球、太阳，或任何遥远的恒星。无论在什么时间、往什么方向观察，它都稳定不变。不管它是什么，它的源头似乎就是天空本身。彭齐亚斯和威尔逊认为这个信号是一种静电无线噪音，有可能是一种校正特征，于是他们将探测器拆开了重装，检查了每一个部件。他们还想到，可能是鸽粪改变了天线的性质，于是又把天线擦洗了一遍。可是无论怎么检修，噪音都没有变化。最后，他们干脆把它归为了来源不明的一种信号。

无线电工程师会将天线调到特定的频率，然后对准天空中的某个目标测量它的辐射强度。在特定频率下，特定源头发出的信号强度有一个所谓的"等效温度"。这个术语的意思要追溯到第三章对维恩定律的探讨。我在那里说过，一个热平衡的系统会发出辐射，在辐射强度对辐射频率的曲线中，曲线的峰值是由系统的温度决定的。有一件事我没有在第三章说明，不过我希望之前的插图已经表达得相当清楚了：像这样的辐射强度对辐射频率曲线有无限多条，每一条都在不同的温度上有一个峰值。重要的是：这些曲线从不相交。换句话说，在特定的频率上，某一个强度的值只会落在一条曲线上。如果你不明白，就再翻回去看看第三章的辐射强度对辐射频率图。

接下来的部分就令人困惑了：假设某个无线电工程师限定了辐射的频率，并进而计算辐射源的强度，他会得到一对频率/强度的值。如果辐射源正处于热平衡状态，这次测量将会确定它的温度。可是，即使辐射源不在热平衡状态，这次测量的数值依然会落在某一条特定的曲线上。在第一种情况，曲线会显示辐射源的温度。在第二种情况，曲线只会显示辐射源的"等效温度"，它只标明了数值点落在哪条曲线上。在彭齐亚斯和威尔逊的例子里，等效温度是开氏3度。

彭齐亚斯和威尔逊发现的这个信号不分方向、也没有源头，说明它很可能来自宇宙本身。天空中的任何一处，似乎都有着开氏3度的等效温度。但是我们不能据此认为浩瀚的夜空正处在热平衡之中；在外太空放一支温度计，不会正好量出开氏 3 度。还好，这个谜题很快就有人提出了解答。在普林斯顿大学，年轻的理论天体物理学家詹姆斯·皮伯斯（James Peebles）正在思考一个问题：如果宇宙早期的热平衡状态还有一些遗存，那么今天的我们会在夜空中观察到怎样的均一辐射？

辐射强度对辐射频率曲线有一个最有意思的特征，那就是它和麦克斯韦提出的热平衡状态下分子的数量密度对能量的曲线有着显著的相似。这不是巧合。我将在第六章详细讨论爱因斯坦的一个观点，那就是辐射可以看作是由光子构成的，或者看作是一份份的能量包。一个光子的能量和辐射的频率成正比，而辐射的强度又取决于光子的数量。这样看来，强度和频率的关系就很像是光子数目和光子能量的关系了；而且，在热平衡状态下的辐射，也自然会在特定的温度下有一个峰值。

为了使辐射达到热平衡状态，光子就必须与环境相互作用。光子对电荷十分敏感，所以很容易从带负电的电子和带正电的质子上散射开来，而电子和质子在温度超过 3 000 度的早期宇宙中都已经存在了。早期的光子通过这些散射不断调整自身的运动，并在这个过程中保持着热平衡，保持着和那些电子和质子相同的温度。它们本身不带电荷，所以彼此间并不会发生直接的散射。可是，一旦氢原子形成，情况就变了。电子和质子一结合就失去了电荷，不再能使光子发生散射了。原子一旦出现，光子就不再和环境相互作用，但它们也不会就此消失。

彭齐亚斯和威尔逊探测到的那些光子，以及我们今天仍然见到的光子，在过去一百五十亿年中一直不受干扰地穿行于宇宙之间。虽然不再受到散射，但这些光子还是因为宇宙的膨胀而发生了一个重大变化：因为空间的扩张，任意两点之间的距离拉长了，光的波长也随之拉长，幅度大约是 1 000 倍。也就是说，在过去一百五十亿年里，热平衡状态下的光子波长已经比原子形成的时候增加了 1 000 倍。

这里有一个关键：所有的光子都经历着相同的变化，因此它们在整个分布中和彼此的关系是不变的。维恩的定律还有一个有趣的特征：当波长增加了1 000倍（也就是频率下降了1 000倍），形成的曲线就相当于温度下降了1 000倍。由于频率峰值所在的位置和温度成正比，皮伯斯指出，将这个峰值变化1 000倍，就会产生一条温度也变化了1 000倍的曲线。在描述彭齐亚斯和威尔逊看见的光子时，技术上精确的说法是："它们从3 000度的热分布开始变化，在波长增加1 000倍（也就是频率压缩1 000倍）之后，变成了今天的样子。"比较简单的说法是"3度的光子"。

阿诺·彭齐亚斯（右）和罗伯特·威尔逊，他们身后就是用来测量宇宙微波背景辐射的天线

彭齐亚斯和威尔逊测量的只是强度对频率曲线上的一个点，这也是一个有可信的理论支撑的耐人寻味的点。这个问题又过了二十五年才告解决，研究者测量了所有的频率，并绘出了完整的热平衡曲线，它的频率真的下降了1 000倍。这二十五年间出现了大量矛盾的结果，有人提

出疑问，也有人提出了各种解释。辐射中频率较高的部分会被地球大气吸收，用普通的望远镜是无法捕获的。为了克服这个困难，人们将记录仪装上气球放飞，还把天线架到了山顶。然而这些都还不够。人们越来越清楚地认识到，只有完整地研究这幅图像，才能使问题最终解决。

于是 COBE 应运而生，它的全称是"宇宙背景探测者卫星"（Cosmic Background Explorer satellite），人们希望用它来一劳永逸地揭示宇宙微波背景辐射的光谱。1990 年 1 月，就在 COBE 发射的两个月后，COBE 的项目主任约翰·马瑟（John Mathe）在美国物理学会上发表了一次讲话。他用数据驱散了一切疑云，展示了热平衡状态下辐射曲线的全貌。这下再也没有疑问了。二十五年之前，这是难以解释的噪音；现在，这是开氏 2.735 度的辐射。听到这里，观众向马瑟起立鼓掌。

COBE 在小心翼翼地绘出开氏 2.735 度下的曲线时，对准的是宇宙中的一个特定方向。研究者还在 COBE 上另外安装了一部探测器，它能在空中轻盈地转动，收集不同角度的辐射数据。这部探测器的任务是在辐射温度中寻找微小但是统计上显著的差异，比如这个方向是 2.735 度、那个方向又是 2.736 度。这样做的理由十分简单：在原子形成的时候，宇宙不可能是完全均一的。当时肯定已经有了一些小小的种子，并在后来发展成了星系。比起固定方向的数据，这第二组数据用了更长时间收集和分析。1992 年 4 月底，根据它们绘出的图像在美国物理学会的一次会议上公布，它的横轴是温差的平方（以开氏百万分之一度为单位），纵轴是测量方向的角距离。结果证明，预测中的微小差异真的存在！今天，所有的宇宙学入门课程都会展示一张宇宙的温度分布图了。

既然说到了早期宇宙，就不能不再提一下我的专长——中微子。各位已经知道了光子、质子、电子和中子的命运，但是除了它们之外，在 1 000 亿度的热平衡状态下还存在着中微子。彭齐亚斯和威尔逊测量了光子，茫茫宇宙之中，每立方英寸就有数千个光子。但是每立方英寸的宇宙，同样存在着数千个中微子。宇宙中的每一个原子，都有大约1 000万个中微子与它相对。

中微子一定存在，并分布于2度的温度分布中。它们的温度也不真的是2度，那只是它们的等效温度，是它们上一次与周围的物质达成热平衡之后空间膨胀的体现；而那时的温度是100亿度[①]。那些中微子谁都没有见过，不过我和许多同行已经想到了寻找它们的方法。也许，我们要用一百年的时间才能绘出它们的曲线、并验证它们是否真的在开氏2度达到了热平衡。也许一百年还不够用。也许，根本就没有一条开氏2度的热平衡曲线。如果真是那样，我们就必须修改自己对于早期宇宙的理解，并开始研究新的谜题。

从某个方面看，我们花了这么多时间、努力和金钱，就是为了研究大爆炸一秒之后就再未与任何事物有过交流的中微子，这实在是有些奇怪的。但是从另一个方面看，我们自身的存在又太过短暂了：直立人出现至今不过两百万年，灵长类的历史稍微长些；多细胞生物又更长一些，有上亿年；生命、地球和太阳都各有数十亿年的历史。相比之下，这些中微子已经无拘无束地在宇宙中飞行了一百五十亿年。虽然目前还无法断言，但是它们对宇宙的将来、对于宇宙的膨胀或者收缩，很可能具有十分重大的意义，这一点大概超过了一切恒星和一切行星的总和。至少，它们对于宇宙的意义肯定超过了我们。

大爆炸和大挤压

因为观察到了这个3度的背景辐射，1960年代的科学家们开始觉得早期宇宙的复杂局面或许是可以理解的了。自从预测出氢氦比例之

---

① 原文疑有误，应为"那时的温度是1 000亿度"。——译者

后，这份信心更是极速增长，一直延续到了今天。眼下最前沿的课题，是以更大的精度发现宇宙在不同方向上的温度差的精微模式。特别的望远镜、气球和卫星已经在寻找它们。正在建设中的新设备将把我们的眼光带回更远的过去。在今天的研究者看来，大爆炸之后的百分之一秒、开氏 1 000 亿度的高温，都已经算是宇宙的中年期了。他们想要了解宇宙的婴儿时期，他们还想爬梳温度的整个阶梯，从高温到更高的温度，可能的话，要一直回溯到无限的高温。

宇宙是会不断地膨胀，还是会在未来的一场大挤压（Big Crunch）中彻底坍塌？它是会继续冷却，还是会迎来一场大烧烤（Big Roast）？虽然这样的一场大火可能要等到一百五十亿年之后才会发生，但是我们很快就会知道宇宙的最终命运是什么。以火箭作为譬喻，有的火箭飞向天空、一去不返，还有的划出一道优雅的曲线，落回地球。火箭会采取哪条飞行路线，取决于两个因素：它的初速度和地球的质量。同样的道理，宇宙膨胀的初速度和它的平均密度，也决定了它的命运。我们已经知道了第一个因素，第二个也会在未来十年内由实验揭晓。

眼下最受青睐的宇宙学模型正好能容许我们躲过大烧烤的命运。我们的宇宙就好比是那只能够飞出地球引力的最慢的火箭。用宇宙学的术语来说，我们的宇宙在永恒地向外滑动。

要达到这个称为"平坦宇宙"（flat universe）的状态需要大量物质，而宇宙中的可见的物质，也就是恒星与尘埃，只占到这个总量的百分之几。还有一类物质在这架天平上另外贡献了 30%，它们的身份至今是一个巨大的谜。这类物质不会发光，因此无法用传统的望远镜探测。剩下的 60% 多由宇宙常数提供，这是一种最先由爱因斯坦提出的能量，目的是解释当时受到青睐的静态宇宙模型，这个模型主张宇宙既不膨胀也不收缩。当后来的证据指出宇宙正在膨胀，爱因斯坦又取消了宇宙常数。出乎意料的是，现在我们好像又需要把它召回来解释平坦宇宙了。

如果将来另有高见，我们或许还会把它抛掉，不过这一点我实在不敢保证。如果宇宙常数真的存在，那么宇宙就是在加速膨胀的。

以上描述了宇宙的现状，但还是没有说清它当初是怎么开始膨胀的。宇宙的开端提出了几个关于温度的有趣问题：光子在一百五十亿年的旅行之后从各个方向飞到了我们身边，随身携带着自身在 2.735 度的温度分布中所处的位置。然而，是什么——或者谁——告诉宇宙一开始就在各处保持同样温度的呢？还有一点：虽然宇宙是在某个时刻诞生的，它却不是从某一个点诞生的。宇宙是在所有的地方同时诞生的，在那之后，空间就始终在扩张。到今天，来自左边和右边的光子终于首次相遇了。如果真是这样，如果它们以前从未相遇过，那它们的温度又为什么是相同的呢？

现在拥护者最多的解答是物理学家阿兰·古斯（Alan Guth）在二十年前提出的。他设想了宇宙有一个极早期的阶段，当时有一块极小的区域经历了一次极快的扩张，古斯将这称作是"暴胀"（inflation）。当这个阶段结束，炽热的宇宙又恢复正常的膨胀，但同时也留下了它诞生于其中的那个泡泡的记忆。左右两个方向温度相等的状态就是在那个阶段奠定的，而且从此之后就再也没有改变。

这个模型有它的竞争者，但它们大多都是对暴胀这个主题的不同解读。这并没有使所有科学家感到满意。科学家最喜欢发难，一场痛快的争论能够修正模型，也能给实验提供一个验证的对象。实验对理论有时否定、偶尔证实，更经常的情况是引出新的谜题。就像经济学家不断强调的那样，竞争总是好事。竞争也是一份保险。芝加哥大学的著名天体物理学家迈克尔·特纳（Michael Turner）最近说道："我们想要一个替补、一个合格的竞争者，如果暴胀理论失败，我们还能用它顶上。"

就在不久之前，有几位天体物理学家提出了一个或许合格的竞争者。这个模型由贾斯丁·库利（Justin Khoury）、博特·欧福特（Burt

Ovrut)、保罗·斯坦哈特（Paul Steinhardt）和尼尔·图罗克（Neil Turok）提出，它在我们熟知的三维空间和一维时间之外，还需要至少添加一个维度。当然了，任何添加的维度都需要妥善隐藏，不能被人发现。要做到这一点，有一个办法是让它们变得很小。试想一只蚂蚁在一根一英寸宽、一英里长的管道上爬行。这只蚂蚁可以在管道上自由移动，就是不能偏离主要的运动方向之外超过一英寸。在描述蚂蚁的位置时，我们一般会说它沿着管道爬行了多长，而不会考虑它围着管道旋转了几周。在这个一维的描述中，与管道中轴相对的运动成为一个额外的维度，可以忽略不计。同样的道理，一枚电子也可以在运动轨道中偏离100亿亿分之一英寸，而丝毫不为我们所察觉。

额外的维度这个概念并不新鲜。早在1920年代，就有人从爱因斯坦的广义相对论中推衍出了五维的概念，并用它来联系电磁力和引力。这个结论曾使爱因斯坦狂喜，因为它似乎终于把人类所知的两种最基本的力统合成一个理论了。当年的这次统一并不怎么成功，但是最近这二十年，大量含有额外维度的理论又再次涌现了出来。

如果真有额外的维度存在，它们现在一定是很小的，但它们以前未必是这样。最新的宇宙学模型描绘了几个同时存在的早期宇宙，为了简单起见，我们可以把它们看成是几张纸。四维宇宙在第五维中的运动很难想象，我们可以用这些纸作比喻，想象一下在它们垂直方向上的运动。其中每一张纸都代表了一整个宇宙，因此和纸张垂直的运动必定发生在第五维，是整个宇宙在第五维的运动。但纸并不是只有一张，还有其他的纸张也在这个额外的维度中运动着。当两张纸互相撞击，就会产生巨量的热，撞击产生的波纹在两张纸上传播，然后每一张上的宇宙开始冷却和膨胀的漫长过程。当然，当纸张继续在第五个维度上运动时，它还可能撞上另一张纸，并造成宇宙的毁灭。有人因此提出了"劫火宇宙论"（ekpyrotic universe），所谓"劫火"是古代斯多葛派哲学家构想的模型，其中的宇宙每过一段时间就会在一场大火中毁灭，又会在一场大火中重生。

宇宙学是一门古老的学问。当我们的祖先第一次怀着惊奇仰望夜空，并尝试为眼前的景象赋予意义时，宇宙学就诞生了。到了 20 世纪，这份惊奇转化成了科学。从爱因斯坦提出广义相对论到哈勃发现宇宙膨胀，再到彭齐亚斯和威尔逊对宇宙微波背景辐射的观察，我们的惊奇并没有磨灭，反而有可能激发出更多。

现代科学的诞生可以追溯到哥白尼认为地球不是宇宙中心的主张。从那以后，我们一步步认识到自己的星球不过是一颗普通的行星，正围绕着一颗中等大小的恒星转动，而那颗恒星又位于一个普通星系的边缘。千百年后，当我们的后人回顾历史，他们也许会意识到人类就是从这时候开始明白了自己正处在一个普通的宇宙之中，周围还有无数个他们没有看到的宇宙。这些宇宙，有的较大、有的较小、有的热些、有的冷些。温伯格在《宇宙的最初三分钟》结尾写了一句话，说尽了研究这些宏大问题的意义："理解宇宙的努力是少有的几件伟大事业之一，它能使我们的人生从闹剧的水平上稍稍提升，并为它赋予一些悲剧的优雅。"

第六章 量子跃迁

在这本书的《引言》里，我主张将温度作为向导，探索古往今来的一些重大科学概念。循着这条线索，我从最熟悉的话题——我们的身体说起，并探讨了发烧的根源和我们与其他生物的相似之处。我们曾经以为自己是独一无二的生物，以为自己生活的天体处于宇宙中心，可是现在，我们已经对自身有了不同的看法。部分是因为在过去几个世纪中获得了更好的温度测量设备，我们现在将板块运动、基因测序和大爆炸宇宙学作为了研究的焦点。这第六章的主题是量子力学，自然也要从温度的角度探讨。量子力学深刻地重塑了我们对于实在的理解，它也深入我们的日常生活，阐释了计算机芯片的工作原理，以及氢和氧为什么会结合成水的问题。在另一个领域，量子力学还阐明了太阳的内核为什么能为我们提供热量，还有即使太阳变成一颗白矮星，它的内核也不会塌缩的原因。温度在这些过程中都发挥着深刻的作用。

这最后的一章有两个子题：青春和绝对零度。前者围绕年轻人和老者的斗争展开。常有人说，数学家和理论物理学家的最大成就都是在三十岁之前取得的。他们列举了许多原因：年轻人精力旺、抱负强，并且容易抛开成见。这些都是不错的，我们也的确见识过许多年轻人的科学发现，从麦克斯韦的统计力学到卡诺的热机效率都是凭证。还有 1666 年的那场奇迹：那一年，年仅二十四岁的牛顿提出了微积分，还发现了重力的反平方率。同样可观的还有 1905 年，那一年，年仅二十六岁的爱因斯坦提出了狭义相对论，也为量子物理这门新学问奠定了基础。

当量子力学在 1926 年诞生之时，年轻的灵感同样引人注目。那一年，保罗·狄拉克、恩里科·费米、维尔纳·海森堡（Werner Heisenberg）和沃尔夫冈·泡利一跃成为知识界的新领袖，而他们中最大的也才二十五岁。不过，和人类的大多数事业一样，这件事也没有这么简单。1926 年，尼尔斯·玻尔已经四十一岁，却是解释量子力学的领袖人物。爱因斯坦在这一年也已经四十七岁，他虽然为这个理论的建立付出过许多心血，却也一直是它不懈的批评者。所以说，量子力学不仅仅是年轻人的舞台，只是年轻人容易演主角罢了。如果你觉得海森堡在二十三岁时发现量子力学的一种形式并没有什么了不起，那就去看看本章的最后一部分，那里写到了十九岁的苏布拉马尼扬·钱德拉塞卡（Subrahmanyan Chandrasekhar）在 1930 年将相对论量子力学应用于塌缩恒星的事迹。这是诺奖级别的工作，可不是随便哪个青少年能够做出的。

二十四岁的苏布拉马尼扬·钱德拉塞卡，大约就在这个时候，他为白矮星塌缩的钱德拉塞卡极限找到了决定性的证据。

本章的另一个子题是为达到绝对零度而付出的努力。这门科学探索的技艺在 20 世纪获得了莫大的重视，因为研究者意识到了低温世界与量子世界之间有着密不可分的联系。要理解超导、超流态、玻色—爱因斯坦凝聚以及物质在接近绝对零度时的其他令人困惑的行为，就必须参考量子力学在原子上施加的规律。而反过来说，这些极低的温度也为我们照亮了量子世界。

在绝对零度的概念提出之前很久，科学家就已经在追求更低的温度了。1800 年，有人将这项事业总结成了将所有已知气体液化的工作。十九世纪中叶，当人们认识到摄氏零下 273 度不是温度计上的一个普通读数，而是自然界中的最低温度时，探索低温的工作有了更深的意义。到了 20 世纪，许多量子世界的财富都是在接近这个绝对零度的时候展现出来的。

法拉第的完美气体

到 18 世纪末，化学家已经从普通的空气中分离出了许多成分。而新的问题随之产生：要怎样才能把这些成分变成液体呢？伟大的法国化学家拉瓦锡第一个用现代眼光观察了诸多化学反应的本质，比如氢气和氧气是怎么结合成水的。他对元素的独立性已经有所领悟，甚至在他的《文集》中提出了这样的猜想：如果把温度降低，空气里的各种气体就会凝结成液体。在他之后的约翰·道尔顿也沿着这条思路开展了研究。道尔顿这个人，我们在前面已经会过面，我们介绍了他对气体性质的研究，以及他开创曼彻斯特学派的事迹。他在 1801 年说了这样一番话："一切弹性流体都可以化成液体，这一点已经没有多少疑问。大家切莫灰心，只要将温度降低并升高压力，就一定能将分离出来的气体液化。"

在我看来，这则声明宣告了一场竞赛的开始，这场竞赛的目标是将所有已知的气体化为液体。到了一百多年之后的 1908 年，卡末林·昂内斯（Kamerlingh Onnes）将氦气液化，宣告了竞赛的结束。这一路上有许多人的贡献，比如日内瓦的皮克泰和巴黎的卡耶泰（Cailletet），他们在 1877 年的同一天制造了几滴液氧；后来波兰克拉克夫的奥尔谢夫斯基（Olsewski）和瓦罗布留斯基（Wroblewski）又将更多的氧气化成了液体。他们使用了一件称为"杜瓦瓶"（俗称"保温瓶"）的降温利器，那是一只双层容器，叫这个名字是为了纪念它的发明者詹姆斯·杜瓦（James Dewar）。就是这位杜瓦在 1898 年首先液化了氢气，又在不久之后将氢转化成了固态。将气体液化是一个漫长而有趣的故事，但是在那些为了液化气体而不断探索低温的人中间，我只挑选第一位和最后一位来介绍。

第一位是迈克尔·法拉第。法拉第或许是 19 世纪最杰出的实验行家，他的整个职业生涯都是在本杰明·汤普森创办的伦敦皇家研究所里度过的。汤普森，即伦福德伯爵、热功当量的提出者，我们之前已经介绍过他。1798 年到 1802 年间，在从巴伐利亚效力归来之后和怒而奔赴法国之前，他在英国创办了皇家研究所，他希望这能成为一座研究用的实验室和一个展示科学的场所。1801 年，他聘请托马斯·扬（Thomas Young）和汉弗里·戴维（Humphry Davy）出任这家新机构的研究员，他认为这两个人能帮他打开局面。两人也确实取得了巨大的成就。

戴维开创了电化学，后来还利用这门技术发现了钠、钾、钙、钡、锶、镁等化学元素。他也是一个讲求实际的发明家，矿工的安全灯就是他的发明。除此之外，他还是一位杰出的诗人，同样身为诗人的赛缪尔·柯勒律治就对他赞赏有加，并宣称："如果不是因为要做这个时代最好的化学家，他一定会成为这个时代最好的诗人。"

戴维善于演讲，引人入胜，对二十一岁的法拉第来说，那犹如是旷野中的一声呼唤。法拉第出身贫寒，十三岁就去给一个书籍装订商做学徒。一次店家的一位主顾给了他戴维的四场演讲的门票，他听后震惊不已。他仔细写下了配图的笔记，然后装订成册，寄给了戴维，并询问戴维能不能雇他做一名助理。他在后来这样写道：

> 我渴望逃离商界，献身科学，因为我觉得商业刻毒而自私，而在我的想象中，追求科学的人莫不是和善而自由的。在科学的诱惑之下，我终于采取了一步勇敢而简单的行动：我给戴维爵士写了封信，表白了我的理想，也希望他若有机会能成全我。我还随信附上了在他的讲座上记录的笔记。

戴维对这个年轻人的笔记很赞赏，他约法拉第面谈了一次。六个月后，当所里空出职位，他雇用了法拉第。1813 年 3 月 1 日，法拉第开始在皇家研究所上班。他在那里一干就是四十五年，大多数时候，他都生活在研究所楼上的一套简朴住房里。

法拉第设计的实验简洁优雅，它们都详尽地记录在他亲手装订的实验手册里——虽然抛开本行是一件乐事，但是他的手艺始终不曾生疏。用现代的语言，我们会说他是一位伟大的化学家和伟大的物理学家，但他却自称是一个自然哲学家。法拉第天赋异禀，常常能在实验中发现要点，他没有受过正规教育，却总是能够领悟全局。在他的指导下，研究者发现了电流和磁场的关系，为现代电力行业奠定了基础。为了追求一个关于力的普遍理论，他先在电流和磁场之间建立了关系，然后又在两者和可见光之间连上了纽带。从许多方面看，他都预见了麦克斯韦的电磁理论以及后来的电磁波理论。

法拉第的化学研究同样成果丰硕。他发现了苯和异丁烯，找到了萘的化学式，确证了芳香烃类化合物的存在，还对电解、钢合金和黏土做了开创性研究。除此之外，他也是一位液化气体的大师。他将氯气、氨气、二氧化碳、二氧化硫、一氧化二氮、硫化氢、氰气、乙烯等——液化，并全部记录在了他亲手装订的实验手册里。1845 年，他意识到氧气、氮气和氢气是无法用手头的降温和增压设备液化的。他于是将这三种气体和类似的气体称为"永久性气体"（permanent gases），并将液化它们的任务交给了未来的科学家。

到 1898 年，法拉第那张清单上的气体已经全部液化成功，只剩下一种例外。那种气体并不在他最初的清单上，因为研究者直到 1868 年才发现了它，而且只在太阳上找到过它的踪迹。这种气体是用刚刚问世的谱线技术发现的，它的名字叫氦气（helium），来自希腊语中的"太阳"，*helios*。

谱线技术对人们理解原子理论和量子物理具有重要作用。在 1868 年，它还是一项新的技术，但它的源头却可以往前追溯两百年。1669 年，二十七岁的牛顿开展了一项实验，他的目的是验证棱镜究竟是给阳光添加了色彩（笛卡儿的观点），还是仅仅分解了阳光。牛顿摆了两只棱镜，中间放一块大屏风，并在屏风上开了一道口子。阳光穿过第一只棱镜后，在屏风上投射出了一条完整的光谱，屏风上的那道口子很小，只容许一种颜色的光线通过并照到第二只棱镜。无论牛顿选择哪种颜色，它在穿过第二只棱镜之后都没有变化。他由此证明，棱镜只是将阳光分解成了它原本就包含的色彩。正如诗人济慈所说，牛顿"分解了彩虹"。

到 19 世纪初，约瑟夫·夫琅和费（Joseph Fraunhofer）又运用比牛顿时代精密得多的仪器，进一步分解了阳光。当时的人们已经知道，阳光中的每一个段位、每一种色彩，都是一种光线的频率，而正是这些频率的连续叠加形成了光谱。夫琅和费发现了数千种前人不曾注意的频率，那都是太阳光谱中的一条条暗线，它们实在太细，连牛顿也没有发觉。起初，这些细线只是猎奇的对象，它们的意义直到 1860 年才显现了出来。那一年，海德堡大学的古斯塔夫·基尔霍夫（Gustav Kirchoff）决心在一张实验台上复制太阳的温度，他使用的工具是海德堡的同事罗伯特·冯·本生（Robert von Bunsen）发明的一种新型煤气灯。

基尔霍夫将各种化学盐在这种本生灯的炙热火焰上烘烤，然后在烤出的蒸汽中射入了一道白光。每一次，蒸汽分解出的光谱中都包含了暗线，他认为那可能是被盐吸收的光线频率。奇怪的是，这些燃烧的盐自身也会发出光线，而且它们光谱中的亮线与前一个实验中的暗线正好处于相同的频率。

基尔霍夫得出了一个不可避免的结论：加热的盐会放射或是吸收特定频率的光线。由于这些线条的位置根据盐的成分而不同，本生灯成为了分析化学成分的一件绝佳工具。这些不同元素的不同频率和线条，它们的分布遵循着一些奇异的公式。五十年后，当波尔建立起一个精确的原子模型时，它们的意义才终于显露了出来。

本生灯上出现的线条也出现在太阳和附近恒星的光谱中。这证明了一个观点：太阳只是一颗普通的恒星，在化学成分上和夜空中闪烁的其他星星并无不同。氦元素的伟大发现同样是拜本生灯所赐，它所对应的是太阳光谱中的一组在实验室里从未出现过的线条。

最后的液体

1895 年，威廉·拉姆齐（William Ramsay）在加热铀矿放出的气体样本时，发现其中放出的辐射与氦元素有着相同的谱线。这一举解决了地球上是否有氦的争论。拉姆齐又做了一些检测，并发现氦气果然是一种惰性气体，氦元素也果然不与其他元素结合发生化学反应。氦气一旦分离出来，它就成为了将一切气体液化这桩事业中的新目标。要达成这个最后的目标必须克服许多技术上的难题，这中间也衍生出了一些意外而重要的成果。但是在讨论这些之前，我还是要先插几句，说说氦与地球内部温度的奇怪联系。这个联系就是放射性。

我在前面已经说过，那个时代的研究者已经将放射性当作了太阳热量的一个新源头，认为它产生的能量能够解开达尔文所估计的地球年龄与开尔文勋爵和亥姆霍兹所估计的太阳年龄之间的矛盾。除此之外，放射性也是地球内部热量的一个来源，而且说来奇怪，就比例而言，它对地球的贡献反倒比对太阳的大得多。太阳的绝大部分能量来自氢与氦的聚变，再加上其他的一些聚变反应。不过这些反应都需要几百万度的核心温度，这样的高温，除了实验室里，在地球上是不可能达到的。而放射性就不同了，它在任何温度上都会自发产生，只要是有放射性元素的地方，就有放射性。

早在发现放射性之前很久，人们就已经知道地球内部在释放热量了，火山就是一条明显的证据。然而地球内部的热能来自哪里，却直到20世纪才有人解答。我们今天知道，地球的热量主要有两个来源，它们的贡献不相上下，一个是放射性，一个是早期与小行星相撞后储存的热量。它们任何一个都无法单独解释板块运动、火山活动、深海热泉，以及其他内部热量活动的表现。只有两者合在一起才能解释这一切。

放射性是在1896年发现的。说来有趣，它也是在发现了氦的那种罕见矿石中发现的。这就似乎不仅是一个巧合那么简单了。要理解放射性衰变如何产生了氦，需要一点背景知识。我们先来说说，像钾、碘或氢这样的元素是如何在放射性衰变面前显得既稳定、又不稳定的。这个问题涉及核物理中的一个细节，它很值得探究，因为它和温度有些关系。

元素周期表上的每种元素都是由它原子中的质子与中子数目来定义的。原子要保持电荷中性，其内部带正电的质子与带负电的电子就必须数目相等，但是它没有规定每个原子核中能够容纳多少电荷为零的中子。中子数量的变化会改变原子核的重量，但是不会影响原子的化学性质，因为那几乎完全是由围绕原子核的电子决定的。任何元素都可以具有化学性质相同的不同形态，它们之间的唯一差别就是中子数的不同。这些同一元素的不同形态称为"同位素"，它们一向是用原子核中质子和中子的数目之和来标志区分的。比如，氢原子就有三种形态：氢-1、氢-2和氢-3（或称"氕、氘、氚"），它们都只有一个质子，中子的数目分别是0个、1个和2个。这三种同位素具有相同的化学性质，但是只有前两种是稳定的。撇开中子间的相互作用不谈，各位只要知道在多数情况下，同位素中有一种或多种是不稳定的，其他都是稳定的就行了。这种不稳定性的表现是半衰期，也就是一份放射性样品中的一半发生衰变所需的时间。对于非常不稳定的元素，这个时间很短；对于非常稳定的元素，这个时间很长。

在化学上形态多样，在时间上又不甚稳定，这两个因素相加，就使得同位素变得格外有用。比如在医学上，碘的所有形态都会被吸引到甲状腺中，所以有的疗法会向病人注射一剂药物，其中混合了不稳定的碘-131和稳定的碘-127。这两种同位素会以相同的速度到达甲状腺，但是碘-131的半衰期只有八天，它会在这八天里不断向周围的甲状腺组织释放能量。

为了确定一个生物的死亡时间，你需要确定不稳定的碳-14和稳定的碳-12之间的比例。生物在活着的时候会以固定的比例吸收这两种同位素，死亡之后，碳-12的含量保持不变，而碳-14会以5 730年的半衰期发生衰变。确定两者的比例，就能知道生物的死亡时间了。

钾-40、钍-232、镭-235和镭-238是四种对地球的热量贡献良多的放射性同位素。其中第一种会衰变成钙，后三种会衰变成铅。其他放射性元素和同位素或许也曾对早期地球产生过重大影响，但是它们的半衰期都较短，远远及不上地球的年龄，所以到今天都已经衰变完了。它们通过放射性制造的热量大约是今天的五倍，由此造成了比今天更剧烈的地质活动。而我列出的这四种同位素对加热今天的地球至关重要，因为它们的半衰期都正好适合，最短的比10亿年略短，最长的比一百亿年略长——既没有长到来不及产生热量，也没有短到已经结束衰变。

要了解放射性加热的威力，不妨想想矿工的遭遇。几百年前的矿工就发现，进入地下越深，周围就变得越热。为了寻找更深的矿脉，他们不得不脱掉外套和衬衫。世界上最深的矿是南非约翰内斯堡附近的陶托那金矿，矿井深度比2英里（3.2公里）还略多一些。矿井底部的温度常年保持在华氏140度（摄氏60度），矿工要靠地面泵下的冷气才能生存。

人类在不断向地下深处挖掘，但目的不全是为了开矿。目前的世界纪录是苏联的科拉钻孔（Kola Hole），深8英里（约12.87公里）。美国的纪录是俄克拉何马州的天然气发掘者在70年代掘出的一个深度约6英里（约9.66公里）的地洞。挖掘这些深洞是相当困难的，因为到了5英里的深度（约8公里），温度就已经接近华氏500度（摄氏260度）了，这个温度足以损坏大多数钻探设备。为什么温度会在短短5英里之内上升华氏400度（约摄氏222度）呢？道理很简单：钾、钍和铀都主要集中在地壳的表层。地球的温度会随着深入地心而不断上升，但上升幅度最大的还是最表面的这几英里，因为在这里，放射性加热的效应是最强的。

钍-232、镭-235和镭-238都会以释放α粒子的方式衰变。卢瑟福凭着一贯的敏锐直觉，猜想α粒子就是氦原子核。到1904年，他已经有了九分把握；到1908年，他证明了这个猜想。在离开较重的母核之后，氦核会在与其他原子和分子的撞击中收集电子，并变成完整的氦原子。这些氦原子重量既轻、又不活跃，往往会直接飞入太空，这就是为什么它们在地球上如此稀少的原因。不过放射性衰变不断发生，氦原子也不断得到补充。无论是金矿中的高温，还是科学家想要液化的氦气，两者的源头都是放射性。

在液化所有气体的竞赛中，氦气成了最后的难题，因为在氧气等其他气体全部化为液体的温度上，它还依然保持着气态。竞争者此起彼伏，都想夺得伟大的胜利。他们的起跑点是液氢的温度。他们以为从这个温度开始，经过审慎的进步，就能很快将氦气液化。然而，当温度降到开氏 10 度时，氦气却仍然没有液化，竞争者们这才明白了这项挑战的艰巨。从法拉第手中接过皇家研究所的詹姆斯·杜瓦液化过氢气，因此也成了头号热门选手。然而最终的胜利者却是一位新人：来自荷兰的海克·卡末林·昂内斯（Heike Kamerlingh Onnes）。

昂内斯和卢瑟福是 20 世纪实验物理学的两大宗师，分别创立了现代低温物理学和核物理学。他们又都是改变科学方向的人物：在他们之前，研究者独自制作设备、开展测量，有的还要亲自装订实验手册；在他们之后，科学进入现代世界，科学家从此需要招募团队，使用专门设计的装备，研究结果也要发表在专门的学术期刊上。昂内斯和卢瑟福各获得过一次诺贝尔奖，昂内斯是因为液化了氦气，卢瑟福是因为解析了放射性衰变的链条。但是在那之后，两个人又各自有了新的发现，而且意义之深远，大大超过他们的得奖成果。其中昂内斯发现的是超导，卢瑟福发现的是原子核。

卢瑟福起初在曼彻斯特工作，后来又去剑桥当了卡文迪许实验室的主任，无论走在哪里，他的身边都会聚集一群学生、研究助理和访问者。昂内斯则在荷兰的莱顿组织了一支团队，并且建立了一个研究帝国。他或许也是第一个认识到现代科研需要专门训练的技师来制造和操作复杂设备的科学家。1901 年，他创立了莱顿仪器制造学校，年轻人在那里学习在科学实验室中工作的技能，学校到今天仍在运营。昂内斯向访客敞开大门，对外出借设备，与工业界缔结联系，还创办了一份专门的期刊来报告实验室的成果。

他的组织工作缓慢而有条不紊地进行着，但其间也出现过技术性的延迟。当莱顿市的居民发现他在使用烈性的压缩氢气时，他们关闭了实验室。法国在 19 世纪占领荷兰时，曾有一条停泊在运河上的军火船发生爆炸，摧毁了莱顿市中心的一大片街区。昂内斯的实验室正是在这片废墟上建立的。莱顿的市民自然不愿意看到历史重演，尤其不愿意看到它在一位同胞手上重演。昂内斯用了两年时间才说服了市民。不过，虽然有种种延迟，竞争者却始终没能击败他，因为液化氦气的难度实在超出了任何人的想象。后来，昂内斯终于集齐了所需的工具，准备向这个难题发起冲锋了。

昂内斯在 1906 年液化了氢气，那已经是杜瓦首先液化氢气之后的第九年了。然而他一旦成功，他那个规模庞大的实验室就开始大量制造液氢，差不多每天都要生产四夸脱，这和杜瓦的那几滴相比实在是长足的进步。有了充足的液态空气和液态氢，液化氦气的计划终于在 1908 年 6 月启动了。实验于 7 月 10 日清晨 5 点 45 分开始。中午刚过不久，实验人员已经生产了 20 夸脱液氢，接着他们将氦气输入液化器，它的温度即刻降了下来。降温在持续几个小时之后停止了，但是玻璃烧杯的杯壁上并没有出现液体。最后，到了晚上 7 时，就在冷却用的液氢即将用尽的时候，照射在烧瓶底部的一束灯光显示有来自液体的反射。氦气终于液化成功了。到了晚上 10 时，实验结束，大家回去就寝，他们大概还稍微庆祝了一下。

将所有已知气体液化的工作就此结束了，人类终于克服了这个难题。这个成就的意义之大，足以为昂内斯赢得一尊诺贝尔奖。不过其中还有在当时不为人知的深层意义：当温度降到一定程度，量子世界的许多现象便会显现。这就好比是有人数年来立志攀上一道山脉的顶峰，当他终于登顶，却发现真正重要的目标是山脚下的一片全新陆地。

顺便，我还想再说说年轻对年老这个子题：希望各位已经明白，理论物理和实验物理是非常不同的领域。牛顿或麦克斯韦可以在二十五岁时突发奇想，迅速成就伟大的事业。而实验工作需要有条不紊地积累技术、材料和人员，不可能在转瞬之间取得成果。卢瑟福在四十三岁才发现了原子核，而昂内斯液化氦气的时候已经五十五岁了。

超 导

当昂内斯的团队生产了足够的液氦，能够将其他物质降温到开氏几度时，他们开始研究物质在极低温度下的行为。他们很快选中了电阻，也就是导电性的反面作为研究对象，因为电流的精确衡量是最容易的。

他们已经知道，温度下降会使得电阻变弱、导电性变强。然而，当时还没有人在液氦这样低的温度下研究物体的导电性质。实验室在第一组测量中果然观察到了电阻的下降。昂内斯相信这个趋势会一直持续到绝对零度。这是一个前所未有的预测：之前的开尔文勋爵曾经预测承载电流的电子会在接近绝对零度时放慢速度并最终停止。如果是那样，那么当温度降到绝对零度时，电流就会停止，而电阻也会变成无限大。

昂内斯和同事从铂和金开始测试，因为这两种都是已知的良导体。但是后来，他们认为这两种金属中的杂质可能阻碍电流，于是又改用了汞。汞在常温下是液体，可以用反复蒸馏的方式提纯。到 1911 年秋天，昂内斯和他的团队已经准备好在开氏 4 度的温度上对纯度极高的汞开展导电性测试了。

这次实验的团队包括昂内斯、赫里特·弗利姆（Gerrit Flim）、吉勒斯·霍尔斯特（Gilles Holst）和科尼留斯·多斯曼（Cornelius Dorsman）。其中昂内斯和弗利姆负责在汞制导线旁调节降温设备，霍尔斯特和多斯曼则坐在 150 英尺（约 46 米）外的一间暗室中，用一种叫做"检流计"

的特殊装置监测导线的电阻。检流计的指针用来显示电流的变化，从而也能显示电阻的变化，指针上照着一道光束，稍有动静就能看见。液态的纯汞盛在一根管壁很薄的 U 形玻璃毛细管中，两个管口固定着铂电极，它们发出的电流在纯汞中流进流出。一切准备停当之后，昂内斯和弗利姆开始降低这根汞导线的温度。一开始不出所料：即使当毛细管内的汞冻成了固体，电阻也依然在下降。然而接下来发生的就出乎意料了：当温度降到了开氏 4.19 度，导线的电阻忽然降到了零。他们将设备拆开重装，结果还是一样。在接下来的几周时间里，他们又将实验重复了几次，由于冷却导线用的液氦很难制备，每一次实验都进行得缓慢而辛苦。但是无论如何，结果却始终不变。

昂内斯又决定将液汞放入一根管壁薄弱的 W 形玻璃管中，并在 W 的拐角处也放三个电极，这样一来，他们就能同时监测四段汞导线了。一段导线可能在某处短路，但是四段导线不可能同时短路、使电阻统统归零。结果，它们却真的同时归零了。迷茫的研究者们继续尝试，一遍遍重复着实验。终于在一次实验中，霍尔斯特看见照射在检流计指针上的光束忽然摆了回来，显示电阻恢复了，而实验中的其他条件都没有变化——他们一开始是这么想的。

但是他们很快发现，有一名仪器制造学校的学生在刚才的实验中睡着了。这名学生的工作是确保珍贵的液氦不从容器中漏出，要做到这一点，就要将容器内的蒸汽压力维持在稍低于大气压的水平。这样即使出现了微小的裂缝，空气也会涌入容器并且冻结，从而在液氦流失之前就把裂缝堵上。那名学生负责的正是调节容器压力，他本该时刻清醒的，但是在连续几个小时的单调工作之后，他打了瞌睡。容器微微裂开了一条缝，使得温度上升、电阻恢复，实验出现了差错。是人的错误歪曲了测量，而不是科学。

经过反复实验，研究团队终于相信了汞导线的电阻确实会在开氏

海克·卡末林·昂内斯在莱顿的低温实验室中

4.19度时陡然归零，并且在温度超过4.19度时陡然恢复。他们又试验了其他几种金属，并发现锡导线和铅导线也会在极低的温度上失去电阻；虽然它们在液氢的温度上电阻很大。这个电阻消失的现象就称为"超导"。

昂内斯希望这个新发现会产生重要的实际用途，可惜他没有活着看到这一天的到来。用超导电线传输电力具有无可比拟的优势。我们在第二章说过，焦耳的研究证明了不同形式的能量可以互相转化，当电流通过导线，就有热量产生。这种热量在今天称为"焦耳热"，它和导线的电阻以及电流强度的平方成正比。有的技术正是利用了电能转化为热能的原理，比如烤面包机就是一个例子；但是一般来说，我们总是希望在电流的传输中能减少一点能量的损失。

将电力从一座水电站传送给数百英里之外的用户时，电阻是越低越好的。电能转化为热能散发是一种浪费，会使发电站增加许多成本。而超导电线能将这部分浪费减到几乎为零。除此之外，超导电线还能承载比普通电线大得多的电流，不必担心损坏。眼下有一家名为"美国超导"（American Superconductor）的公司正在试验这项技术，他们在底特律爱迪生公司的一座发电站里，将 18 000 磅（约 8 165 公斤）1930 年代的铜制导线换成了 250 磅（约 113 公斤）超导电线，获得了成本/效率上的巨大节约。

在 20 世纪下半叶，半导体曾经革新了许多技术，并促成了晶体管、集成电路和电脑的诞生。在将来，超导体可能会为发电站降低成本，并改变电力分配的方式。目前，核磁共振设备已经在使用超导磁体了，它的磁心上就缠绕着超导线圈。制造一个强大的核磁共振磁场需要很大的电流，而使用超导电线能够避免产生大量的焦耳热。此外，利用超导磁浮技术的列车也正在测试之中。不过，要实现这种种超导技术还有一个关键因素：温度。

要达到超导所需的极端低温是艰难而又昂贵的。虽然一根 100 英里（160 公里）的超导锡导线可能比一根普通的铜导线少损失电能，但是如果这根锡导线要浸泡在难以生产又难以维持的液氦之中，那么它的优势就仅限于学术了。整个 20 世纪，对超导的研究是物理学、化学以及新兴的材料科学背后的一股重大推力。超导研究有两大目标，一是理解超导背后的原理，二是找到更新更好的、能在更高的温度下实现超导的材料。

　　超导总是不断带给我们惊奇，然而超导研究的进展却一直缓慢而艰苦。研究者测试了各种金属与合金，希望能找到在更高的温度上实现超导的材料。从商业的角度看，盈亏的平衡点是开氏 77 度、也就是氮气化为液体的温度。液氮的制作比较容易，而且成本低廉，比液氦便宜100 倍。将电线的温度维持在开氏 77 度，即使在较大规模上也是可行的。而要将它们维持在开氏 4 度甚至开氏 10 度就不可行了。

　　在 1980 年代以前，还没有哪种材料在开氏 30 度以上显示过超导性能，更不用说在液氮的温度上超导了。但是到了 1986 年，有人却在这个领域丢下了一枚炸弹；或者应该说是丢下了两枚炸弹。那一年，IBM苏黎世实验室的两位科学家乔治·贝德诺尔茨（Georg Bednorz）和亚历山大·穆勒（Alexander Muller）发现有一种陶瓷状的物质 LBCO（镧钡铜氧化物）能在开氏 35 度上实现超导。这种新物质和普通金属大不相同，它似乎代表了一种全新类型的超导体。一年之后，朱经武和吴茂昆宣布 YBCO（钇钡铜氧化物）能在开氏 93 度上实现超导，这个温度大大超过了氮气液化的 77 度。这下，兴奋变成了狂热。忽然之间，似乎一切都有可能了。人们开始谈论常温超导体以及各种改变生活方式的新技术。1993 年，又有人发现 MBCCO（汞钡钙铜氧化物）能在正常压力和开氏 134 度上超导；如果增加压力，它甚至能在更高的温度上实现超导。

　　在二十年后的今天，我们只能说当时想得还是太容易了。这些铜氧化物构成的新材料和金属不同，它们中的许多只有在特定的化学组合中才能导电，而且很容易受到外部磁场和杂质的影响。它们的本质都是陶瓷，容易破碎，难以塑形，更难卷成导线。不是说这些不可能做到，只是风险很高，并需要大量研究才行。况且，我们并不知道这些铜氧化物是否真是我们梦想中能带我们一飞冲天的魔毯。对于这些新材料，有一件事几乎从一开始就是清楚的：它们的超导形式不同于那些金属超导体。它们的电阻的确会突然归零，这是超导的共性，但是它们在其他方面的过渡却不相同。在最基本的层面上，自然似乎设计了至少两套独立的方案来消除电流遇到的阻力。

常温超导是可能的吗？现在还有没有什么我们尚未发现的机制？将来还会不会取得进一步的进展？这三个问题的答案或许都是肯定的。就在我撰写本书的时候，又传来了一则令人兴奋的消息：有人发现了一种廉价而容易生产的金属类超导体，二硼化镁。它的超导温度是开氏 39度，比前面提到的最低限度还要高出 10 来度。未来会有什么，实在难以预料。

昂内斯要是看到了这些进展一定会很高兴。他在 1926 年就去世了，短短三周之后，他的实验室就成功液化了氦气。荷兰大物理学家亨德里克·卡西米尔（Hendrik Casimir）还记得昂内斯葬礼时的情景：

他生前住在莱顿市郊区，他的家族有自己的墓室，设在附近的一座墓园里，离家大约 4 公里。昂内斯的遗嘱里要求几个忠诚的技术员徒步跟随送葬队伍。那天天气很热，但技术员们都穿戴着晨礼服和大礼帽出席。和一般的葬礼一样，送葬队伍很晚才从家里出发，这时许多官员已经在墓园里等候了。于是，一行人刚出莱顿城就开始挥舞马鞭，匆匆赶路，几个技术员或是快行，或是小跑地跟在后面。等到了墓园时，他们都已经汗流浃背、气喘吁吁了，其中的一个对着同僚咧嘴一笑说："这的确是老头子的风格，就算死了也要逼你跑步前进。"

低温物理学这个领域也可以说是在"跑步前进"。昂内斯生前曾希望能把液氦再转化成固体。然而实验证明，无论把温度降低多少，氦气都绝对不会固化，除非你把压力也一同增加。最后，昂内斯的实验室在开氏 2.5 度和 25 个大气压下终于固化了氦。后来的研究显示，当气压上升到 30 个大气压、温度下降到开氏 1.8 度时，固氦还会发生晶体结构的改变。在创造最低温度方面，人类也已经更进一步。1996 年，大卫·李（David Lee）、道格拉斯·奥谢罗夫（Douglas Osheroff）和罗伯特·理查森（Robert Richardson）分享了当年的诺贝尔物理学奖，他们研究的是氦-3 的不同相，氦-3 是常见的氦-4 的同位素，它在温度低于开氏千分之 2.7 度时呈相 A，低于开氏千分之 1.8 度时呈相 B。

超导在未来的发现和应用取决于诸多因素，其中可能还要包括担任实验室技术员的学生的睡眠习惯。

二象性、不相容性和不确定性

要理解超导，或者理解为什么有的材料能够导电而有的绝缘，你需要有一点量子力学的知识。如果没有量子力学，元素周期表就只是一套归纳相似化学物质的规律，仿佛动物学里的分类原则，方便使用，却令人费解。有了量子力学，元素的行为就变得可以理解、可以预测了。而没有了量子力学，原子在绝对零度附近的行为就会显得怪异。

量子力学是一门以难懂著称的学问，所以我在这里只讨论它的三条重要原理：二象性、不相容性和不确定性。这是三条违反直觉的奇怪原理，很有些悖论的意味。但量子力学就是这样：它不只是一种看待熟悉概念的新思维，也是对现实的深刻重构。这三条原理都是由当时二十五岁上下的科学家提出的，这为量子力学增添了一股神秘的气息，也更加印证了它是一个神童创造的领域。

从某个方面说，量子力学在 1900 年的诞生完全是始于一个关于温度的问题。当时热力学已经是一门相当成熟的学问，热学、光学、热力学和电磁学的理论也都有了坚实的基础，化学和物理学的局面也从来没有这么好过。是的，谱线的频率分布的确遵循着奇怪的规律，但是辐射的发放与吸收都与热力学完全相容。关于比热（使温度上升1度所需的热量）的理论是出现了一些奇怪的特征，主要是关于固体的一些神秘的行为，但是那看起来同样不会对任何基本原理构成威胁。

1900年时，热力学出现了一个令人瞩目的问题，这个问题非常显眼，谁也不能漠视：维恩定律预测，在辐射强度对辐射频率的曲线上必有一个顶点，而这个顶点的值是由温度决定的——这个关系我们在前面已经引用了多次。但问题是，所有确定曲线形状的企图都失败了；不仅如此，它们都产生了没有意义的结果：一条没有顶点的曲线。理论预测了辐射的强度会随着频率而持续升高。这个预测和实验完全对立，它显然是错的。

看来，科学家在研究辐射和吸收这两个互相纠结的问题时，一定是漏掉了什么。物理学家想到，一个理想化的情境或许会有所帮助，于是他们构想起了理想的放射物和吸收物。在研究力学时，第一步是设想一个完全光滑的物体在一个毫无摩擦的平面上滑动。同样，为了研究维恩定律，物理学家设想了一只理想的绝缘炉，它的内壁能够完全吸收辐射，而且它加热到了完全均等的温度，炉身上的每一寸都完全相同。接着在绝缘炉的一面上开一个窗子，作为辐射的唯一出口。在这个理想的条件下，物理学家重新审视起了强度对频率曲线，而这个绝缘炉里发出的辐射就叫做"黑体辐射"。然而，即使在这样严格控制的环境中，理论和实验还是产生了分歧。理论依然预测辐射强度会随着频率上升，而不是像研究者期望的那样先升后降。这条不断升高的灾难性曲线被称作"紫外灾变"，因为它的强度会突破紫光，一直进入紫外线的领域。

有几位科学家竭力想修补理论，其中用力最勤的是马克斯·普朗克。在绝缘炉的加热之下，原子应该会发出辐射。辐射的具体成因无关紧要，重要的是一个概念：辐射物发出的能量在一个由温度决定的平均值周围连续分布。然而，没有一个理论能算出正确的答案，也没有一个理论能使曲线出现峰值。1900 年，普朗克放弃了公认的概念，他向前跨出了勇敢的一步，这才终于得到了一条能与数据吻合的公式。他后来回忆道：

> 那真是孤注一掷的行动。六年来我一直在与黑体理论搏斗。我知道其中有一个根本的问题，我也知道问题的答案。为了找到理论解释，我必须不计代价，只要不违反热力学的前两条定律就行。

辐射物体的平均能量是由其温度决定的。这个假定普朗克不能抛弃，否则就会违反热力学定律。但有一件事他可以做、也确实做了，那就是抛弃能量分布的连续性假设。他提出，能量的增加或减少可能是阶梯式的，而不是连续的变化。他将这些阶梯称作是"量子"。每一个阶梯的能量都和辐射的频率成正比。这个固定的比值现在有了一个恰当的名字：普朗克常数。这就好比是去杂货店买面粉，从前是一位年老的店主用天平为你称量，现在却换成了一台自动贩卖机。你可以购买的面粉依旧没有限额，只是现在改用袋装，每袋容量一磅，而你用一种单一面额的货币支付，买几袋就付几张。

普朗克是一位犹豫的革命者，和他相比，当时年轻的爱因斯坦就急切多了。在 1905 年这个奇迹之年里，他不仅推翻了时间、空间和同时性的传统观念，还以他一贯的勇气向量子问题发动了袭击。普朗克认为，辐射物体的能量是量子化的。爱因斯坦却宣称，这个说法只有在辐射本身就是量子化的前提下才能成立。无论是发射、吸收，还是简单的传播，辐射能始终是一份一份的量子。

爱因斯坦在两方面改变了科学对于光的看法。他用狭义相对论证明了光速是任何信号所能达到的最快速度，又用他的量子理论重塑了光的定义。1670 年，牛顿表示光是一种微粒。一百三十年后，皇家研究所的第一任研究员托马斯·扬又证明了光是一种波动。

到 1905 年，爱因斯坦指出光或是任何电磁辐射都兼具这两种性质。光有二象性。把它作为粒子观察，它的行为就像粒子；作为波动观察，它的行为就像波动。作为粒子，它携带的能量和波的频率成正比；作为波动，它的频率和粒子的能量成正比。这种粒子后来获得了"光子"的称号，它公认是一种相当奇怪的粒子：它没有质量，只以光速前进，而这也是光波的速度。光子既不是伪装成波动的粒子，也不是伪装成粒子的波动。它既是粒子，又是波动。爱因斯坦用他的二象性搞得物理学家们晕头转向。他在 1905 年的这个洞见也启动了量子力学。为此，他在 1922 年获得了诺贝尔物理学奖，许多人都觉得这个奖早该颁给他了。

一旦确定了量子真实存在，爱因斯坦随即开始了说服别人的工作。1907 年，他对固体内部的原子振动开展了研究。在常温下加热一枚钻石，它升高的温度还不到预期值的 20%。爱因斯坦指出，如果将原子的振动假定为量子化的，而不是看作在一个温度确定的平均值附近的连续分布，就能够算出正确的结果了。

虽然有爱因斯坦式的天才指明了方向，但是论复杂程度，钻石加热的问题还是远远比不上理解光谱中线条的频率。不过那个问题也很快就解决了。1913 年，尼尔斯·玻尔提出了一个新的原子模型，它认为原子是由居于中心的原子核及环绕周围的电子组成的，而电子的能量由量子定律决定。玻尔的模型加上爱因斯坦的量子化理论，解释了具有谱线的辐射为什么会有这样出人意料的规则频率：将一种物质加热到高温会使电子跃迁至高层轨道。一段时间之后，它们又会掉回低层，并发射出一个光子，这个光子携带着电子在向上跃迁时获得的能量。由于能量守恒，光子的能量必然等同于电子在两条轨道之间跃迁时的能量变化。再根据爱因斯坦的定律，光子的能量又决定了辐射的频率。至此，谱线已不再是秘密了。

虽然有了这些进展，却仍有几个重大的概念问题没有得到解答。其中最显著的一个，或许就是玻尔的原子模型其实并不准确。根据物理定律，轨道上的电子会快速发出辐射，当能量减弱，它们就应该沿螺线掉入原子核。量子理论规定了电子只能在轨道上运行，部分回避了这个问题，但是它并没有解释电子为什么没有都掉到最低的能量轨道上。

1925 年，这个问题被天才少年沃尔夫冈·泡利提出的不相容原理解决了。泡利当时才二十五岁，却已经相当有名。他在二十一岁就发表了一篇 250 页的文章评论爱因斯坦的相对论。1955 年，他在给老朋友马克斯·玻恩的信中回忆了他与爱因斯坦的特殊关系："我在 1945 年获得诺贝尔奖后，他在普林斯顿发表了一次关于我的讲话，那番话是专门说给我听的，这使我永生难忘。那就好像是一位国王在发表退位声明，同时将我立为了他的王储、他的继承人。"

泡利是个刻薄无情的批评者，但他还是受到了尊敬与爱戴，还有的人就是喜欢他的直率。他生于 19 世纪末的维也纳，后来到慕尼黑学习，他短暂的学术生涯有大部分时光是在苏黎世大学度过的；在他的孩提时代，爱因斯坦也曾在那座大学里学习。

泡利的不相容原理规定了每条原子轨道上的电子数目，还解释了为什么这个数目一满，额外的电子就必须去更高的轨道。举例来说，原子的最低轨道上最多容纳两个电子。如果其中的一个位置已被占据（比如氢原子），那么这条轨道上就只能再容纳一个电子。反过来说，那个已经在轨道上的电子又是可以剥离的。氢原子能够轻易失去或者得到一个电子，所以它才表现出了它在化学上的那些行为。相比之下，氦原子的最低轨道上已经排满了两个电子，它既不贷出，也不借入，所以氦的化学性质很不活跃，是一种惰性气体。锂原子有三个电子，其中两个位于底层轨道，另一个位于较上一层，上层的那个电子很容易移动，锂也因此很容易发生化学反应。从一个元素到另一个元素，不相容原理描述了各类原子的化学行为水平，也预测了这些原子会形成什么样的分子键。

　　这条原理还解释了原子的稳定性：为什么高能量轨道上的电子不会掉落到能量最低的轨道上？经典物理认为这的确会发生，但是不相容原理指出，这样的降落只有在低层轨道上出现空缺时才会发生。用不相容原理的话来说，没有两个电子可以处于同一个量子组态（quantum configuration）——术语称为"态"（state）。底层轨道之所以有两种态，唯一的原因就是电子具有自旋。自旋是电子的一种固有性质，它有两个状态：向上或是向下。氦原子底层轨道上的两个电子，如果一个是向上的，那么另一个就只能向下——同一条轨道，不同的自旋，造成了不同的态。

　　不过，不相容原理并没有规定电子在轨道上的能量，它甚至没有解释电子在轨道上的运动具有什么意义。这两个问题要等到 1926 年才由维尔纳·海森堡和埃尔温·薛定谔（Erwin Schrödinger）分别提出了解答。由此产生的理论就是量子力学——二十五年来关于量子、波动和粒子的思考，到这里有了一个总结。起先是爱因斯坦证明了光波具有二象性，也可以看作是粒子，即光子。到 20 年代早期，年轻的法国人路易·德布罗意（Louis de Broglie）又对这个结论作了自然的引申，指出电子也可以看作是波。如果用音乐来作比喻，就好比是一根琴弦上只能奏出几个音符，琴弦的长度决定了音符的波长。同样的道理，一条原子轨道上只能容纳几种电子波，只要知道了波长，也就知道了频率，再根据二象性，则电子的能量也就清楚了。新兴的量子力学为这类推论提供了一个数学框架，除此之外，人们还可以在里面做许多别的事。

低温世界

超低温是量子力学的精华领域，到今天仍是研究的前沿阵地。它的实际应用虽然还不甚多，但是 1996 年、1997 年和 2001 年三年的诺贝尔物理学奖全都颁给了研究物质在开氏几千分之一度时行为的实验。这个新近发现的现象之所以产生了如此丰硕的成果，很重要的一个原因是经典世界和量子世界的分歧。用经典物理的眼光来看，当温度接近绝对零度，物质的运动会平缓地趋于静止。但是用量子力学的眼光来看，这个过程不可能是平缓的。随着温度降低，从一个量子组态到另一个的跃迁会变得越发重要，运动的不连续性也会越发明显。同样是一条崎岖不平、布满陷坑的道路，一枚速度较快的卵石会一路滑落，而一枚速度较慢的卵石则会在某个陷坑中停止。速度较快时，这些陷坑在尺寸或位置上的微小差异显得无关紧要，而速度较慢时它们就变得要紧了。我们之前已经看到，原子的速度和温度成正比。低温意味着速度较慢，而量子世界的不连续性也会越发凸显。

理解低温的量子世界还有更深一层的意义，这层意义可以回溯到 1927 年由二十五岁的海森堡提出的不确定性原理。这条原理设立了一道根本的限度，使我们无法同时确定一个粒子的速度和位置。对一个原子的速度测量得越准，对它的位置就越是难以确定，反之亦然。

这条原理为理解超低温提出了一个有趣的两难。如果我们接受经典物理的说法，认为绝对零度下原子的速度为零，那我们就立即会面临一个难题：根据不确定性原理，当温度趋近绝对零度，原子的速度也不断减慢，它的位置就会越来越难以测定。随着温度越降越低，意料之外的新现象开始在实验中出现。将卵石的比喻推进一步：当温度降低，我们就会越来越难确定某一枚卵石在什么地方。

液氦就是一个有趣的例子。1910 年，卡末林·昂内斯发现液氦的密度会在开氏 2.2 度上达到最大值。他还注意到这种沸腾的液体变得出奇的安静。到 20 年代，昂内斯和利奥·达纳（Leo Dana）重新研究了这个问题，他们发现"液氦在最大密度附近发生了一些现象，在一个狭小的温度范围内，它们甚至是不连续的"。沸腾忽然停止了，液氦的表面也更平滑了。两个人不知道这意味着什么，也不知道这是怎么回事。

在英国，彼得·卡皮察（Pyotr Kapitsa）接过了他们的线索。卡皮察是一名才华横溢的俄国人，也是一位沙俄将军的儿子。他在剑桥师从卢瑟福，并建立了一所世界闻名的低温实验室。然而在 1935 年，他却在回家探访时被苏联当局扣留了，在英国的工作就此结束。有传闻说，那是因为斯大林想要他帮忙实现俄国的电气化。意识到卡皮察已经不可能获准离境，卢瑟福把他在剑桥实验室的设备寄到了俄国，好让他继续研究。

就在这时，年轻的加拿大物理学家杰克·艾伦（Jack Allen）来到了剑桥，他原本在多伦多大学研究液氦，这次来是希望能与卡皮察共事。得知卡皮察无法返回西方之后，艾伦和另一个年轻的加拿大人唐纳德·米塞纳（Donald Misener）开始了合作研究。到 1938 年初，两人在剑桥宣布了一个如超导般出人意料的发现；与此同时，身在莫斯科的卡皮察也宣布了这一发现。三个人观察、研究的现象，正是昂内斯和达纳早先所瞥见的、液氦在开氏 2.2 度以下的超常行为。在这个温度上，低温液氦开始在容器中旋转不休，直到温度升高才会慢下来。一旦旋转开始，液体就不再分散，它形成了一股没有黏度的"超流体"（superfluid）。此时，单个原子的位置已经失去了意义，所有原子都聚合成了一个"超原子"（superatom）。

其实在艾伦、米塞纳和卡皮察开展实验的十多年前，就已经有人观察到和超流体液氦的奇异行为相似的现象了。1924 年，当时还没什么名气的孟加拉物理学家萨特延德拉·玻色（Satyendra Bose）发表了一篇论文，爱因斯坦读后很受启发，他意识到在量子理论中，彼此无法区分的粒子会出现有趣的新行为，且这些行为在低温下尤其显著。不过爱因斯坦考虑的不是液氦，而是一团处于低温低压之下的原子，它们没有液化，仍是气体，这样构想比较容易，因为气体较为稀薄，原子间的相互作用也较弱。这个实验虽然在原理上比较简单，但是要实现爱因斯坦讨论的那种转化，却需要克服巨大的技术难题。要一直到1995年，在爱因斯坦提出设想之后的七十年，实验需要的技术才终于齐备。接下来，科罗拉多大学波尔得分校的一队研究者将2 000个铷原子转变成了一个"超原子"，并维持了十秒，这个状态在今天称为"玻色—爱因斯坦凝聚"。大约同一时候，得克萨斯的莱斯大学和麻省理工学院也分别在锂气和钠气中实现了凝聚。

这条研究之路不但漫长而艰苦，还不时出现意料之外的困难。1895年，当地球上第一次发现氦元素时，实验室里所能创造的最低温是开氏10多度。到了一百年后的1995年，当研究者终于观察到玻色—爱因斯坦凝聚时，实验室里的最低温已经降到开氏两千亿分之一度以下了。

这里头还有一个玻色和爱因斯坦没有预见到的复杂问题：他们的论文发表不到一年，泡利就提出了"不相容原理"，规定两个电子不能处于相同的量子状态，这几乎和氦原子在低温下凝聚成单个超原子的猜想背道而驰。后来的研究证明，这是量子力学的诸多奥妙中的一个：互相间不能区分的粒子有两种截然不同的运动方式，并由此产生了绝对零度附近的两种截然不同的行为，氦原子表现了一种，电子表现了另一种。

在量子力学里，奥妙之中还有奥妙。氦原子会在开氏2.2度上形成超流体，但是研究表明，这个现象只对普通的氦-4，也就是原子核中包含2个中子的氦原子成立。还有一种罕见的同位素氦-3，虽然在化学性质上与氦-4无法区别，却遵循着不相容原理。

理解量子力学的基础和含义是 20 世纪一场盛大的智力探险。开创这个领域的神童们一个个成长，名气越来越大，并且都在四十岁前获得了诺贝尔奖。这些发现之后，一个又一个奇迹落到了科学家的头上，曾经无解的问题纷纷解决。对于拥抱量子力学新法则的人，这是一个黄金时代；对于拒绝量子力学的人，这是一个艰难时代。20 世纪的科学史上也有其他革命，但是对本学科的基础造成这样剧烈而迅速的影响，或许就只有量子力学了。可惜在许多老一辈的开拓者看来，这次转变要么不可理解，要么无法接受。

爱因斯坦的冰箱

爱因斯坦在 1924 年撰写的关于玻色—爱因斯坦凝聚的论文是他最后一篇具有影响的论文。他当时已经四十五岁，新一代正在接管物理学，而这代人创立的量子力学，有很大一部分正是建筑在他所奠定的基础之上的。量子科学的研究在 1925 年之后飞速发展，爱因斯坦却从未对这个转变全心接受。这一点可以从他 1926 年 12 月给好友马克斯·玻恩写的一封著名信件中看出来；玻恩是哥廷根大学的高级研究员，也是这门新学科的创立者之一。爱因斯坦在信中写道："量子力学的确是引人瞩目，但是我的内心有一个声音在告诉我，这并不是世界的真相。这门学说成果丰富，但是它并没有使我们更加靠近上帝的秘密。我有绝对的把握，上帝是不掷骰子的。"

爱因斯坦到死都认为，虽然量子力学是有效的，它的预测也都是和实验相符的，但是在更深的层面上，自然肯定有着一个不同的架构。为了申明这个观点，他和许多科学家展开了一场场传奇的辩论，尤其是和他的那位老朋友玻尔。杰出的物理学史家马丁·克莱因（Martin Klein）有过这样的评述："爱因斯坦的同行都觉得可惜，因为他选了一条与众人分歧的道路。就像玻恩写到的那样：'我们许多人都认为这是一场悲剧，对他是如此，因为他只能孤独地摸索；对我们也是如此，因为我们失去了一位旗手和导师。'"

1925 年标志着量子力学的开始，也标志着爱因斯坦的领导力在学术界的结束。从那之后到他 1955 年辞世，他一直追求着一个理想：将他钟爱的广义相对论和电磁理论合并成一个无所不包的理论。当年轻的理论家继续探索量子力学的新兴分支时，爱因斯坦的才智对他们的选择已经没有了多少影响。对坚持理想的他，年轻人虽然尊敬，却已不再理睬了。

20 年代末的爱因斯坦不仅在批评量子力学、寻找统一场论，他还在发明一台更好的家用冰箱。虽然听起来有点奇怪，但这确实是这位举世无双的科学家消磨时间的一种方式——至少是部分时间。这个将时间和空间化为几何结构的人、这个人类的杰出代表、这个心不在焉的教授中的典型，居然对冰箱这个温度的日常侧面发生了兴趣。

爱因斯坦向来喜欢做一个自在的旁观者，无论在才智上和社会上都是如此。他在 1896 年就公开放弃了德国公民的身份，当时还不到十七岁。1899 年，他又申请入籍瑞士，并在 1901 年成为了瑞士公民。即便当在他 1913 年回到柏林担任教授时，他依然保留着瑞士国籍。传闻他说过这样一句俏皮话："如果相对论是正确的，瑞士会说我是瑞士人，德国会说我是德国人。如果相对论错了，瑞士会说我是德国人，德国会说我是犹太人。"

苏黎世大学毕业之后，一时找不到研究工作的爱因斯坦去伯尔尼的瑞士专利局做了一名技术专家（三等职称）。他在专利局干到了 1909 年，当时的他已经名声在外了。他对自己的工作似乎挺感兴趣，他的职责是审查专利申请，弄清那些多半粗略的发明能否发挥作用，并决定它们是否值得用法律保护。一句话，他的工作就是评价发明。

业余时间，爱因斯坦发现了狭义相对论和量子的本质，还解释了布朗运动。然而专利局的工作实在有趣，使他一生都对实用设备着迷：它们是怎么组装的，又可以做哪些改进。这个难得的组合使得爱因斯坦在日常生活中也充满了创意。

1925 年，爱因斯坦在报上读到一篇报道，说有一家人被冰箱压缩泵里漏出的毒气杀死了。在当时，商用冰箱还是新鲜事物、是爱因斯坦在他伯尔尼的办公室里审查的对象。当时的冰箱，原理已经和今天相差无几：一只机械压缩泵里装着制冷气体，将气体压缩液化。这个过程中产生的热量释放到冰箱外面。接着压缩泵松开，让制冷剂膨胀、蒸发。气体膨胀时会吸收热量，使周围冷却，这个过程发生在冰箱的冷藏室里。经过这个周期，冰箱内部的热量就散发到了周围的环境当中，这就像是我在第二章里讨论的那种热机。

那么，这样一部听起来无害的设备又是怎么弄死人的呢？问题就出在它常用的那三种制冷气体——氯甲烷、氨气和二氧化硫。选用这三种气体是因为它们制冷效果好，但是它们都有毒性，只要冰箱的运动部分密封不牢，出现了裂缝，毒气就会泄露到环境中去。而一旦泄漏，结果就会致人死亡。

在报纸上读到这场悲剧之后，爱因斯坦找到了一个年轻的朋友、在柏林求学的利奥·希拉德（Leo Szilard）。希拉德当时二十四五岁，是一位富于才干的物理学家，正从家乡匈牙利来柏林攻读硕士学位。和爱因斯坦一样，他也对热力学和统计力学中的问题很感兴趣，两人常常碰面。在爱因斯坦的建议下，两人决心合作经营一项实用的事业：造出更好的冰箱。他们尝试将泄漏的危险降到最低，具体的办法是尽量去掉冰箱的移动部件——也就是改进压缩泵。他们最大的难题是如何换掉压缩机的活塞，以保证安全。他们把活塞换成了一种钠和钾组成的液态合金。这合金是一股金属流体，在一个交流电产生的磁场的控制下，它在一个密封的罩子里上下流动。冷藏液就靠这种液态金属来压缩，然后像原来那样膨胀制冷。

到 1926 年初，爱因斯坦和希拉德已经在忙着注册专利了。爱因斯坦从伯尔尼的工作中熟悉了专利事务，所以连专利律师都不用请。这些专利相当成功。虽然一开始和 Bamag-Beguin 公司的谈判破裂了，但后来伊莱克斯的子公司普莱顿—蒙特斯制冷系统却买下了他们的一项专利，出价相当于今天的 10 000 美元。他们后来的几项专利也都给人买走，但是都没有投入生产。两人虽然动足了脑筋，但是他们的爱因斯坦—希拉德泵的制冷效果却比不上传统冰箱，价格还更昂贵。到 1930 年，当初使爱因斯坦和希拉德投入研究的冰箱安全问题终于解决了——有人在美国发明了一种无毒的制冷剂：氟利昂。然而几十年后，人们又发现氟利昂属于一种叫做"含氯氟烃"的气体，会危害到保护地球免受太阳紫外辐射的臭氧层。这下，我们又要另想制冷的办法了。但首先，我们还是回头再说一说爱因斯坦。

爱因斯坦并没有从他的专利中赚到钱。希特勒出任总理后没几个月，他和希拉德就双双逃离了德国，并最终在美国落脚，希拉德是从英国中转，爱因斯坦则加入了刚刚成立的普林斯顿高等研究院，并在那里待到了去世。他和希拉德有约在先：只有当希拉德的收入超过了一定的水平，才需要和他平分专利带来的利润。希拉德当时很潦倒，专利费比他微薄的收入高出一倍还多，他靠这笔钱度日，还帮助了其他人逃出德国。

爱因斯坦虽然喜欢发明，但是他在逃离德国之后就不再过问这些事了。他的年纪或许是一个因素，总之他再也没有和朋友一起发明过什么；希拉德是他最有名的合作者，此外还有几个人。有一位爱因斯坦认识的著名歌手向他抱怨自己的听力越来越差。1928 年，爱因斯坦联系了一家工业研究实验室的主任鲁道夫·戈尔德施密特（Rudolf

Goldschmidt），要他帮忙开发一种新型助听器。那是一种"声音复制设备，能利用电流的变化，通过磁弹性来驱动磁体"。1934 年 1 月 10 日，他获得了专利。专利文书中写到他"曾在柏林居住，目前寓所不明"。此时他已经逃离德国了。

我们的冰箱故事还有两个脚注，都和希拉德有关。希拉德始终是个有眼光的人，先后做过杰出的物理学家、政治家和作家，最后还成为了一名生物学家。他还自己申请了几项专利。他有一项成就特别值得一提：1934 年，就在核子时代即将来临、铀原子核将在四年后实现人工裂变的时候，他在伦敦申请了一项秘密海军专利（在英国，受益人是政府的专利都可以保密），其中包括了原子核链式反应的基本过程。他之所以申请这样一项专利，是因为相信"如果能使原子核产生链式反应，就能用它来引发剧烈的爆炸"。后来，他又和恩里科·费米共同申请了一项专利，其中包含了核反应堆的一些重要特征。安全是核反应堆的头等大事，一个能在故障发生时启动的冷却系统是必不可少的。希拉德不仅对核反应堆了如指掌，也拥有他的科学家同事们孜孜以求的技术：爱因斯坦—希拉德泵。

第二个脚注是希拉德在 1939 年 8 月的一封信。这时的他已经认识到了将来可能会造出原子弹，他觉得有必要将其中的危险告诉新国家的政府。他决定给罗斯福写信，但是他也知道，要引起总统的关注就得找人联署，于是他又找到了爱因斯坦。一封署名希拉德的信件可能会被总统忽略，但如果是世界上最伟大的科学家写来的，他就不会不读了。这时，爱因斯坦对科学兴趣已经转到了统一场论，不再关心核物理了。他并不了解原子弹的毁灭性力量，但是他信任希拉德的技术知识和政治直觉。于是希拉德起草信件，爱因斯坦签上了大名。许多人认为，正是这封信件启动了一连串事件，并最终促成了曼哈顿计划和原子弹的问世。

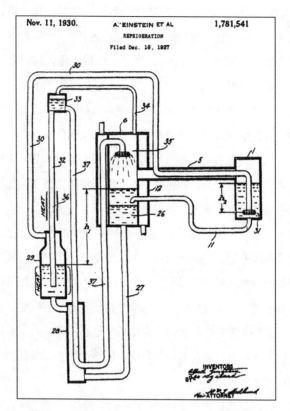

爱因斯坦和希拉德的冰箱在美国申请专利时的图纸

钱德拉的旅行

20 年代末，正当不再年轻的爱因斯坦批评新兴的量子力学（同时还有发明冰箱）时，一个印度少年正忙着学习量子力学和相对论的定律。1930 年 7 月 31 日下午，19 岁的苏布拉马尼扬·钱德拉塞卡在孟买登上了一艘驶向意大利的轮船，他将以意大利作为欧洲的第一站，前往英国剑桥。当轮船在将近三周之后停靠威尼斯时，这名日后被称为"钱德拉"的少年已经明白了像太阳这样的恒星是如何死亡的。

在那之前的十年里，人类对太阳的生命周期已经有了许多了解。科学家一致认为太阳会活跃一百亿年，不断将氢转化成氦。在那之后，它会短暂地膨胀成一颗较冷较大的红巨星并吞噬地球，接着再度收缩，变成一颗白矮星。在耗尽了体内的氢之后，太阳会只留下一个由碳和氧构成的核心，四周围绕着氦。

到 1930 年，白矮星理论已经十分成熟，能够将量子力学的效应包容在内了。白矮星的核心温度已经不足以引发裂变，但是仍然能将所有电子从原子核周围剥离。在引力的无情挤压之下，这些原子核会结成一个晶体一般的结构、一枚在电子之海中沉浮的钻石——用现代的精确语言来说，那是一片由电子构成的费米海。

在 1930 年之前，研究者都认为所有恒星的归宿都是白矮星。为这个观点辩护最勤的是亚瑟·艾丁顿爵士，这位才华出众的科学家是英国天体物理学的领袖人物，也是《恒星的内部构造》（*The Internal Constitution of Stars*）一书的作者。钱德拉曾在家乡马德拉斯研读过这部著作，他在前往英国的途中带了三本科学书籍，其中就有这一本。在途中，钱德拉问了自己一个问题：假如在白矮星的量子力学研究中引入相对论效应，会得出怎样的结果？他知道，泡利的不相容原理会使费米海中的电子产生一个向外的压力，以对抗引力的挤压，他怀疑相对论并不会影响这个结果。但是在计算之后，他却得出了一个意外的结论：如果恒星的体积显著大于太阳，那么即使考虑了相对论的效应，电子的压力也不足以阻止引力导致的塌缩。一颗巨大的恒星不会安静地死去，化作寒冷的白矮星，它会走上另外一条道路。

即使在今天，也没有几个十九岁的少年能够理解这样艰深的论辩，更别说提出这样的主张了。不过话说回来，今天也没有多少持续三个礼拜的航行了。钱德拉向剑桥的天文学家们提出了自己的主张，但是没人接受。30 年代晚期，他又将这个观点写成论文，投给了《皇家天文学会月报》，同样未获刊载。最后文章发表在了美国的《天体物理期刊》上。在接下来的几年里，钱德拉始终在断断续续地研究这个问题，在这里充实一个观点、在那里检查一个细节。到 1934 年，钱德拉已经获得博士学位，并担任了剑桥大学三一学院的研究员。这时的他已经十分确信：恒星的质量只有小于太阳的 1.4 倍（现在称为"钱德拉塞卡极限"），才会在最后变成白矮星。而更大的恒星则会继续塌缩。

他想当然地认为，艾丁顿这位广义相对论在英国的捍卫者，一定会赞赏他的主张。毕竟，艾丁顿曾在 1919 年领队到南美观察日食，并证明了爱因斯坦关于太阳弯曲恒星光线的预言。在 1920 年英国科学促进会的主席讲话里，他又向天文学同行们指出了爱因斯坦在质量和能量间建立的关系十分重要，或许能用来解释氢聚变是太阳的能量之源。因此，如果有哪个英国人能谈谈相对论对于恒星的效应，那一定就是艾丁顿了。

然而可悲的是，艾丁顿这个一向走在前沿的人物、这位钱德拉视为导师的大家，却拒绝接受他的主张。他坚称一切恒星的终点都是白矮星。他没有理解钱德拉在 1934 年的证明就对它加以嘲笑。虽然两人在后来一直是朋友，但是艾丁顿对钱德拉的恒星塌缩论始终反对，直到 1944 年他离开人世也没有改口。这延缓了塌缩论的传播，但是并没有阻碍它，随着时间推移，这个观点终究得到了天文学界的接受与赞扬。钱德拉后来回忆说："这件事给了我们一个教训：对科学保持一份谦虚，到最后总是有回报的。这些人（艾丁顿等人）都很聪明，他们才智过人，对许多事物都有敏锐的洞察，但是他们少了一份'我要看看物理学会教给我什么'的谦虚，而是想要用自己的想法去规定物理学。"

虽然经历了早年的困难，钱德拉后来的事业却是成果丰硕，还写了好几本关于恒星结构和恒星塌缩的书。他的研究持续到了生命的终点，凡是读过他的书、听过他讲话的人，没有一个不受到他的深刻影响。他后来得到了一切能够得到的荣誉，包括诺贝尔奖，但是他最著名的成果却始终是"钱德拉塞卡极限"。

钱德拉的主张如此重要，为什么就没有早一些为人接受呢？这里头有许多原因。在大多数物理学家看来，塌缩的恒星都是太遥远的物体。新兴的量子力学和原子核中的细节已经使他们忙于应付，实在顾不上别的。另外，天文学家对量子力学和相对论对物质结构的新看法还将信将疑；说什么两者结合起来就会限制白矮星的尺寸，这样的想法实在是太缥缈了。科学的进步太快，要不断吸收新的观点，从新的主张推出合乎逻辑的结论，尤其是知名科学家所不赞同的结论，实在是一件困难的事。

"对科学保持一份谦虚"，真做起来往往很难。钱德拉的故事发生在昨天，也将发生在明天。科学的步伐固然在加快，但科学研究并不会因此变得容易。我还记得自己在听说玻尔直到 1920 年 4 月才和爱因斯坦会面时感到的震惊：柏林离哥本哈根那么近，这两位又都是这样显赫的人物，怎么那么晚才见上面呢？第一次世界大战固然制造了障碍，但我还是认为他们早就该碰面了。庆幸的是，今天的旅行和通讯之便利，促进了各种形式的交流。当今如果再出现爱因斯坦和玻尔式的人物，他们很快就会找到彼此并交换电邮的。但是由于书信艺术的失传，我们也将见不到两位大家在初次会面之后留下的纪念了。爱因斯坦在那次会面之后这样写道：

像您这样见上一面就使我如此喜悦的人，一生真不多见。我现在知道埃伦费斯特对您如此爱戴的原因了。当我阅读您的精彩论文，尤其读到难处的时候，我的眼前都会浮现出您年轻的面庞，微笑着向我解释。

玻尔的回信：

在我看来，能在您身边与您交谈，实在是人生中的一大幸事。您在我访问柏林时表现出的友善，我实在感激不尽。能在我忙碌研究的问题上听到您的见解，也是我期待已久的机会。您不知道，这对我是多么大的激励。我们从达勒姆（柏林郊外）到您的寓所一路的交谈，我是永远不会忘记的。

六年之后，两人开始了在量子力学上的著名分歧，但是他们彼此的爱戴和尊敬却始终不曾动摇。这些书信提醒我们：科学研究毕竟是人类的事业，它和其他活动一样，也充满了痛苦和喜悦。输赢不是小事，争到第一能够创造事业，或者毁掉事业。在快乐和失望的时候，同伴总是能分享或是分担。风格很重要，品味不可少，技术要争先，创意是秘诀。在今天的科研中，政府的资金也常常发挥着举足轻重的作用，决定了什么可以做、什么不可以。但分享依然是要紧的，要和别人沟通，要知道你不是独自一人。

说到底，科学就是直面自然，寻找她的秘密。我感到，对科学和它的无尽宝藏了解得越多，内心就越是敬畏。对于科学越是熟悉，这种敬畏就越是强烈。有时候，这感觉在心中慢慢滋长；有时候，它却突然迸发，尤其是当两个迥然有别的领域在同一个问题上交汇、或者一个著名的难题居然能用新的方法解答的时候。

沃森和克里克在明白 DNA 双螺旋结构的意义时感到的激动，我只能凭想象体会。用他们自己的话说："我们立刻注意到，自己设想的这一配对结构可能就是遗传物质的复制原理。"当爱因斯坦意识到他的广义相对论能够解释火星轨道的异常时，他感到了心头剧震。对他了解很深的传记作家亚伯拉罕·派斯（Abraham Pais）写道："我相信，这个发

阿尔伯特·爱因斯坦和尼尔斯·玻尔初次会面，1920 年

现是爱因斯坦的科学生涯中最强烈的情绪体验，或许也是他这一生绝无仅有的体验。这一刻，自然对他开口说话了。"类似的事例不胜枚举：当魏格纳发现非洲和南美大陆的轮廓正好契合，当伽利略在比萨的教堂测出单摆的周期，他们的内心都受到了震动。还有本书记录的几个和温度有关的例子：昂内斯发现汞在开氏 4 度时变成了超导体，卢瑟福看见α粒子从目标上弹回来，彭齐亚斯和威尔逊从外太空找到了开氏 3 度的

辐射，以及科利斯在深海热泉上发现了 10 英尺长的蠕虫。

在这些例子中，发现的激动还夹杂着一份奇怪的愉悦：你知道了自己是第一个揭示真相的人。不止一位科学家，无论著名与否，都说过在忽然意识到自己发现了自然的秘密时，内心会涌起怎样一股奇异的激动。这股激动是强烈的，但它在我们的生活中并不鲜见。我敢肯定，没有人会记得自己在孩提时代跨出的第一步，这一刻只有父母才会记得，但这绝对是我们人生中的一大进步。我至今能在记忆中唤起当年学会阅读、学会骑自行车时的喜悦，我同样记得第一次看见复变量理论中的柯西定理、第一眼看见相对论性电子的狄拉克方程，或者第一次知道有绝对零度时的那份激动。

眺望未来

我的年龄越是增长，就越是觉得需要将一生的经历整合起来，在重重关系中找出规律，找出那些将我和家人、和社区联络起来的纽带。我还有一件多少有些相似的事业，那就是在科学内部、在不同的领域之间找到联系，并从中悟出经验的整体性。这就是我喜欢思考温度的一个原因：一些原子核的 α 粒子衰变时放出辐射并加热地壳，经过对流，又在地表下方造出烈火。接着热量从海底破土而出，形成深海热泉，并维系了生命，再经过步步演化，终于产生了能够思考放射性的生物。

科学家需要敬畏和决心兼而有之。我们曾相信自身为宇宙的中心，后来逐步意识到自身只是时空连续统上的一粒微尘。理解自身在宇宙中的地位无疑是一项崇高的追求。我们的特别，或许只在于能够理解自身的平凡。中微子是所有的基本粒子中最不起眼的，很少与外界互动，但是它们的质量之和却在宇宙中举足轻重，比所有的恒星相加还大。人类创造了精密的设备来升高温度，理应感到自豪。小小的"放屁虫"能将体内的对苯二酚氧化，然后将超过 200 华氏度（约摄氏 93 度）的气体通过尾部的一根细管射出，这不同样是一个小小的奇迹吗？

我们的微不足道，并不意味着我们不能行动或不该行动。地球已经在过去几十亿年中有过许多温度的起伏，将来还会经历更多，无论人类存在与否，这都不会改变。为了自己，也为了宇宙，我们理应尊重彼此，尊重自身与这个大千世界和谐相处的有限力量。

大部分科学研究（虽然不敢说全部）依然是一项伟大的事业，我希望它能帮助我们改善自身，也改善其他生物的处境。不仅如此，科学也是我们实现梦想的途径，它能使我们看见大自然创造这个我们生活于其中的世界时所运用的种种关联。但丁《神曲·地狱篇》的第 26 首中有几行著名的诗句，描写尤利西斯在伊萨卡岛安全着陆之后召回旧部，要他们跟着自己重新起航的情景。他是这么说的：

Considerate la vostra semenza

Fatti non foste a vivere come bruti，

Ma per seguir virtute e canoscenza.

想想灵魂的种子是如何播下

你们就不该生活得如同野兽或是蛮人，

而是要追求德性与知识。

要做到这些，我们就要凭一腔勇气驶向未知，但同时也要听取钱德拉的忠告，怀着"谦虚"研读数据，要知道温度是多少，要从温度中学习。

我不知道这些远征会将我们带去哪里。每一代都会自称解决了那些重大问题，而后人只要负责收尾就行了。如果人类有足够的幸运和理智延续千百万年，那么我认为在后人的记忆里，20世纪会是科学史上的一个重要时期，因为在这一百年，许多关于地球、生命和宇宙的奥秘第一次得到了人类的理解。

我和同事在实验室里制造过几十亿度的高温，也曾经差了几十亿分之一度就达到绝对零度。除此之外，难道还有什么可以探索的吗？在这本书里，我唯一敢于肯定的就是这个问题的答案：是的，还有。

参考文献

引言　尺子、钟表和温度计

关于哈德良别墅的引言，见 Marguerite Yourcenar, *Memoirs of Hadrian* (Farrar, Straus & Giroux, 1954)。

我叔叔埃米利奥的话出自他的自传：Emilio Segrè, *A Mind Always in Motion* (University of California Press, 1993)。他儿子克劳迪奥还写过一本家族回忆录，也颇有趣味，见 Claudio Segrè, *Atoms, Bombs and Eskimo Kisses* (Viking, 1995)。

第一章　98.6 度

关于下丘脑的研究，我参考的是 J. P. Card 等人所写，Michael Zigmond 等人编辑的 *Fundamental Neuroscience* (Academic Press, 1999) 中的第 37 章 "The Hypothalamus: An Overview of Regulatory Systems"。库欣的话就出于此。

风扇的简史来自我常常参考的《大英百科全书》第 11 版。

蜜蜂扇风的描写来自 E. O. Wilson, *Sociobiology, The New Synthesis* (Harvard University Press, Belknap Press, 1975)。

艾迪·莫克斯的这则轶事出自 Philip Morrison 为《科学美国人》写

的一篇专栏，题为"Air-Cooled"，见 *Scientific American*，October 1997，p. 149。

对撒哈拉沙漠的描述可以追溯到 W. Langewiesche，*Sahara Unveiled*（Vintage，1991）。

Carl Gisolfi 和 Francisco Mora 写过一本趣味盎然的书，*The Hot Brain*（MIT Press，2000），其中有许多关于人类和其他动物调节体温的精彩内容，我就是在那里知道了洪淑熙的海女研究。

本杰明·富兰克林的著作引自 Raymond Seeger，*Benjamin Franklin — New World Physicist*，收入 Pergamon Press 的 *Men in Physics* 系列。此书出版于 1973 年。

琳恩·考克斯的故事出自《纽约客》（New Yorker）杂志 1999 年 8 月 23 日的文章，作者 C. Sprawson。

Knut Schmidt-Nielsen，*Animal Physiology*，*5th edition*（Cambridge University Press，1997）对动物的保温机制作了广泛的讨论，我写的关于竖琴海豹和帝企鹅的内容多半出自此书。Schmidt-Nielsen 还写过 *Desert Animals: Physiological Problems of Heat and Water*（Oxford University Press，1964；reprinted by Dover Publications，1979）。

阿普斯利·切里-加勒德的书题为 *The Worst Journey in the World*，1997 年由 Carroll and Graf 再次发行。

关于南极站桑拿的文章发表在 1999 年 11 月的 *Harvard Magazine* 上，作者 Will Silva。

关于发热和医药，一个标准的来源是 *Harrison's Principles of Internal Medicine* 第 14 版中的"Alterations in Body Temperature"部分，作者 Jeffrey Gelfand 和 Charles Dinarello，编者 Fauci et al.（McGraw-Hill，1998）。

对盖伦医学等话题的精彩描述见 Daniel J. Boorstin 的那本令人愉快

的 *The Discoverers*（Vintage，1985）。

写到用四位使徒来表现四种体液的文章是"Dürer's Diagnoses"，作者 M. Kemp，见 *Nature* 391，January 22，1998，p. 341。

我引用的巴斯德传记，见 René Dubos，*Louis Pasteur — Free Lance of Science*（Charles Scribner's Sons，1960）。

大肠杆菌 O157：H7 基因序列的文章刊登在 2001 年 1 月 25 日的《自然》杂志 p. 529，作者 Nicole Perna 等。

关于瓦格纳-尧雷格的贡献，见 J. Licino，"What Makes One Tic?"，*Science* 286，October 1，1989，p. 56。用发热治疗精神病人的说法来自美国精神医学会前主席 Robert Garber 接受的一次访问，Sylvia Nasar 在为数学家 John Nash 所写的传记中曾经引用，见 *A Beautiful Mind*（Simon and Schuster，1998）。

P·A·马克维克对于发热的观点是在他的一篇文章中提出的，文章标题 "Fever：Blessing or Curse：A Unifying Hypothesis"，刊登于 *Annals of Internal Medicine* 120，1994，p. 1037。

关于下丘脑的演化有这样几篇文章：C. Zimmer，"In Search of Vertebrate Origins：Beyond Brain and Bone"，*Science* 287，March 3，2000，p. 1579；L. Z. Holland and N. D. Holland，"Chordate Origins of the Vertebrate Central Nervous System"，*Current Opinion in Neurology* 9，1999，p. 596；T. C. Lacalli and S. J. Kelly，"The Infundibular Balance Organs in Amphioxus larvae and Related Aspects of Cerebral Vesiole Organization"，*Acta Zoologica* 81，1999，p. 37。

关于果蝇的一些大概论述，见 Robert E. Kohler，*Lord of the Fly：Drosophila Genetics and the Experimental Life*（University of Chicago Press，1994）；Jonathan Weiner，*Time，Love，Memory*（Vintage，1999）；G. M. Rubin and E. B. Lewis，"A Brief History of Drosophila's Contribution to

Genome Research", *Science* 287, March 24, 2000, p. 2216。

关于热休克蛋白的论述，见 W. J. Welch, "How Cells Respond to Stress", *Scientific American*, May 1993, p. 56; J. R. Ellis and S. Van der Vries, "Molecular Chaperones", *Annual Review of Biochemistry* 60, 1991, p. 321; P. C. Turner et al., *Molecular Biology* (BIOS, 1997) p. 188; R. Morimoto, A. Tissieres, and G. Georgeopoulos, *Stress Proteins in Biology and Medicine* (Cold Spring Harbor Press, 1990)。

分子生物学的中心法则，见 Francis Crick, *What Mad Pursuit* (Basic Books, 1988)。关于不同物种的基因共性，见 François Jacob, *Of Flies, Mice and Men* (Harvard University Press, 1998)。

第二章 测量工具

苏美尔人的 zir、阿卡德人的 ubanu、亚述人的 imeru 和犹太人的 gomor 各表示什么长度，可以在我父亲的一篇文章中找到，见 Angelo Segrè, "Babylonian, Assyrian and Persian Measures", *Journal of the American Oriental Society* 64, 1944, p. 73。

想了解早期人类对火的运用，见 B. Wuethrich, "Geological Analysis Damps Ancient Chinese Fires", *Science* 281, July 10, 1998, p. 165。想了解早期人类烹饪块茎的证据，见 E. Pennisi, "Did Cooked Tubers Spur the Evolution of Big Brains?", *Science* 283, March 26, 1999, p. 2004。

对于文明发展的概述，我觉得最好的莫过于 Jared Diamond 的那本启迪心灵的著作 *Guns, Germs, and Steel* (W. W. Norton, 1997)。

撒哈拉南部非洲的熔铁技术起源很早，时间大约和新月沃土相当，而且没有多少变化地持续到了 20 世纪。见 F. Van Noten and R. Raymaekers, "Early Iron Smelting in Central Africa", *Scientific American*, June 1988, p. 64。

对陶器和釉料的历史、物理和化学的讨论，见 Pamela Vandiver，"Ancient Glazes"，*Scientific American*，April 1990，p. 20。

关于伽利略，请参考 Stillman Drake，Galileo（Oxford University Press，1996）以及同一作者 *Galileo at Work: His Scientific Biography*（University of Chicago Press，1978）。最近还有一本关于伽利略的畅销书，写得通俗易懂，那就是 Dava Sobel，*Galileo's Daughter*（Walker，1999）。

想了解桑托里奥的影响和胡克的原话，见 Daniel J. Boorstin，*The Discoverers*（Vintage，1985）。

W. Knowles Middleton，*A History of the Thermometer and Its Use in Meteorology*（Johns Hopkins Press，1966）是一本介绍温度计历史的权威著作。维维安尼和牛顿的话都是从这本书里引用的。

对伦福德伯爵的描写，包括他写给皮克泰的信，都引自 Sanborn Brown，*Benjamin Thompson—Count Rumford on the Nature of Heat*（Pergamon Press，1967）。

有一本现代著作对热量本质的科学和历史都作了精彩讨论，见 S. G. Brush，*The Kind of Motion We Call Heat*，2 vols.（North-Holland，1976）。

道尔顿的传记见 Frank Greenaway，*John Dalton and the Atom*（Cornell University Press，1966）。

迪斯雷利的话引自 Freeman Dyson 那本启迪人心的佳作 *Infinite in All Directions*（Harper & Row，1988）。

卡诺的话引自 S. Carnot，*Reflections on the Motive Power of Fire*，translated by E. Medoza（Dover Publications，1960）。

为增加阅读趣味，我擅自对书中人物的话做了一些改动，比如麦克斯韦不可能将构成气体的移动单元称为"分子"，因为分子这个概念是后来才明晰的，但他的主张并未因此而不同。

Emilio Segrè, *From Falling Bodies to Radio Waves* （W. H. Freeman，1984）是一本介绍物理学史的精彩著作，其中引用了卡诺、开尔文男爵、迈尔、亥姆霍兹、克劳修斯、玻尔兹曼和吉布斯等人的著作。Nathan Spielberg 和 Bryon Anderson 在 *Seven Ideas That Shook the Universe* （John Wiley，1987）中的探讨，我也很喜欢读。

弗朗索瓦·雅各布的话引自 *The Logic of Life* （Pantheon Books，1973），第 194 页，我在第四章还会提到这本书。

第三章　读懂地球

破冰船亚马尔号的故事刊登在 2000 年 8 月 19 日和 8 月 29 日的《纽约时报》上。圣洛克号的故事刊登在 2000 年 9 月 5 日的《泰晤士报》上，北极熊的报道则刊登在 2000 年 11 月 12 日的《泰晤士报》上。

想了解西南极冰盖（WAIS），请阅读 Michael Oppenheimer，"Global Warming and the Stability of the West Antarctic Ice Sheet"，*Nature* 393，May 28，1998，p. 325。

关于哥白尼的宇宙观带来的变化，最经典著作当数 Thomas Kuhn，*The Copernican Revolution* （Harvard University Press，1957）。

有关金字塔排列的文章见 Kate Spence，"Ancient Eygptian Chronology and the Astronomical Orientation of Pyramids"，in *Nature* 408，November 16，2000，p. 320，同期杂志 297 页还配有 Owen Gingerich 的评论。

冰期和气候变化理论所依据的材料见 Daniel J. Boorstin，*The Discoverers* （Vintage，1985），前一章已经引用，另见 Timothy Ferris，*Coming of Age in the Milky Way* （William Morrow，1988）。

关于冰期的理论，从早期的天文学假设，经过后来的阿加西、克罗尔和米兰科维奇，再到当今的研究，在 *Ice Ages—Solving the Mystery* （Harvard University Press，1979）一书中有很好的描述，本书的作者是杰出的地球物理学家、海洋学家 John Imbrie 以及科普作家 Katherine Palmer Imbrie。想了解 1863 年之前的冰期研究[①]，请参考 Edmund Bolles 的近作 *Ice-Finders: How a Poet，a Professor and a Politician Discovered the Ice Age* (Counterpoint Press，2000)。这本书中的三位主人公分别是北极的早期探险者凯恩、阿加西和莱尔。我不知道莱尔是不是喜欢别人叫他政治家，不过他可能也不喜欢别人叫他律师。无论如何，他是一位伟大的地质学家。其他有趣的读物包括 Loren Eiseley，*Darwin's Century*（Anchor Books，1961)，以及达尔文的自传 *The Autobiography of Charles Darwin*（W. W. Norton，1958)。

读者可能会对几篇关于米兰科维奇循环的文章感兴趣，它们是：J. Hays，J. Imbrie，and N. Shackleton，"Variations in the Earth's Orbit: Pacemaker of the Ice Ages"，*Science* 194，December 10，1976，p. 1121；R. Muller and G. MacDonald，"Glacial Cycles and Astronomical Forcing"，*Science* 277，July 11，1997，p. 215；S. Kortenkamp and S. Dermott，"A 100，000 Year Periodicity in the Accretion Rate of Interplanetary Dust"，*Science* 280，May 8，1998，p. 874。

在气候变化的问题上，读者可以看出我受到了华莱士·布劳克的影响。在研究一门学问时，往往会有一位作者吸引你的目光。我认为在这个领域，我的选择是明智的。我很喜欢阅读布劳克的 *How to Build a Habitable Climate*（Eldigio Press，1987）和他的其他一些文章，比如 W. Broecker，"Chaotic Climate"，*Scientific American*，November 1995，p. 62；W. Broecker and G. Denton，"What Drives Glacial Cycles?"，*Scientific American*，January 1990，p. 46；W. Broecker，"Thermohaline Circulation, the Achilles' Heel of Our Climate System: Will Man-Made Carbon Dioxide Upset

---

① 原文疑为 "1836 年"。——译者

the Current Balance?", *Science* 278, November 28, 1997, p. 1582。

关于气候变化的文献卷帙浩繁，比较有用的书籍有 T. Graedel and P. Crutzen, *Atmosphere*, *Climate and Change*（W. H. Freeman, 1995）；关于厄尔尼诺现象的有 M. Glantz, *Currents of Change: El Niño's Impact on Climate and Society*（Cambridge University Press, 1996）。还有一本年代较早的百科全书式研究 H. H. Lamb, *Climate*, *Past*, *Present and Future*, 2 vols.（Methuen, 1972）；有趣的历史回顾见 E. Le Roy Ladurie, *Times of Feast*, *Times of Famine*（Farrar, Straus & Giroux, 1971）。除此之外，我还要推荐一组比较专门的文章：R. Alley and M. Bender, "Greenland Ice Cores: Frozen in Time", *Scientific American*, February 1998; Ping Chang and David Battisti, "The Physics of El Niño", *Physics World*, August 1998, p. 41; T. Crowley, "Causes of Climate Change over the Past 1000 Years", *Science* 289, July 14, 2000, p. 270; P. Epstein, "Is Global Warming Harmful to Health?", *Scientific American*, August 2000; T. Karl, N. Nichols, and J. Gregory, "The Coming Climate", *Scientific American*, May 1997, p. 78; R. Kerr, "Warming's Unpleasant Surprise: Shivering in the Greenhouse", *Science* 281, July 10, 1998, p. 156; M. McElroy, "A Warming World", *Harvard Magazine*, December 1997, p. 35; D. Oppo, "Millennial Climate Oscillations", *Science* 278, November 14, 1997, p. 1244; J. Toggweiler, "The Ocean's Overturning Circulation", *Physics Today*, November 1994, p. 45。

想深入理解气候变化，最好再参考一本地质学教科书。下面这本优秀的教材里包含大量与全球变暖有关的内容：L. Kump, J. Kasting and R. Crane's *The Earth System*, published in 1999 by Prentice-Hall。

近来有两篇十分好读的文章，写的都是火星和金星的气候，它们是 M. Bullock and D. Grinspoon, "Global Climate Change on Venus", *Scientific*

American，March 1999，p. 50；以及 T. Karl，N. Nichols，and J. Gregory，"The Coming Climate"，*Scientific American*，May 1997，p. 78。有关火星的最新研究，见 Richard Kerr 的评论 "A Wetter，Younger Mars Emerging"，*Science* 289，August 4，2000，p. 714。

《火与冰》见 Robert Frost，*Collected Poems*（Henry Holt，1939）。

对卡文迪许的描写见《大英百科全书》第 11 版，对丁达尔的描写同出于此。

关于全球变暖的历史，参见 Spencer Weart，"The Discovery of the Risk of Global Warming"，*Physics Today*，January 1997，p. 34；Paul Crutzen and Veerabhadran Ramanathan，"The Ascent of Atmospheric Sciences"，*Science* 290，October 13，2000，p. 299。

联合国的报告 "Climate Change 2001：The Scientific Basis" 见 http：//www. ipcc. ch。想了解对这份报告的最新讨论，以及对 Dick Cheney 等人为国家能源政策发展组织撰写的报告的评论，见 Bill McKibben，"Some Like It Hot"，刊于 *the New York Review of Books*，2001 年 7 月 5 日。

关于全球变暖的最坏前景，见 P. M. Cox et al.，"Acceleration of Global Warming Due to Carbon-Cycle Feedbacks in a Coupled Climate Model"，*Nature* 408，November 9，2000，p. 185。

关于二氧化碳减排之外的方案，见 A. Revkin 在 *the New York Times*，August 19，2000 上的文章，以及 J. Hansen 在 *Proceedings of the National Academy of Science* 97，2000，p. 9895 上的文章。

关于海牙会议的报道，见 David Dickinson，*Nature* 408，November 30，2000，p. 503。

关于发展中国家、尤其是中国和印度对于减排的态度，见 "Equity Is the Key Criterion for Developing Nations"，by Ehsan Masood，in *Nature*

390，November 20，1997，p. 216。

我引用的关于平等的文章是"Equity and Greenhouse Gas Responsibility"，by Paul Baer et al. in *Science* 289，September 29，2000，p. 2287。

第四章　极限生命

本章开头的诗是罗伯特·罗威尔的"The Quaker Graveyard in Nantucket"，见 *Lord Weary's Castle* (Harcourt and Brace，1946)。

魏格纳的话引自"Alfred Wegener and the Hypothesis of Continental Drift"，*Scientific American*，February 1975，p. 77。

乘坐阿尔文号下潜是什么感觉，罗伯特·巴拉德是全世界最有发言权的人。他还和 Will Hively 合著过一本有趣的书，叫做 *The Eternal Darkness: A Personal History of Deep-Sea Exploration* (Princeton University Press，2000)。本章开头的大多数材料都来自这一本书，包括科利斯、凡安德尔和费朗舍托等人的引言。Victoria Kaharl 也写过一本书记录阿尔文号的冒险，名叫 *The Story of Alvin* (Oxford University Press，1990)。

关于巴布亚新几内亚的采矿活动，我是在 1997 年 12 月 30 日《纽约时报》的"Science Times"版的一篇文章中读到的，作者为 William Board。

对于深海热泉的确切描述，见 Cindy Lee Van Dover 的权威著作 *The Ecology of Deep-Sea Hydrothermal Vents* (Princeton University Press，2000)。至少，在一个如此错综复杂、多学科交叉，而且进展迅速的领域，这本著作算得上是确切的。

关于庞贝蠕虫，前不久有一篇颇为可读的专家文章，见 S. C. Cary，T. Shank，and J. Stein，"Worms Bask in Extreme Temperatures"，*Nature* 391，February 5，1998，p. 545。

巴斯德的那句表明科学观的引语出自 René Dubos's 所写的传记 *Louis Pasteur—Free Lance of Science*（Charles Scribner's Sons，1960）。

关于嗜极生物有一篇不错的综述，见 *Scientific American*，April 1997，p. 82，Michael Madigan 和 Barry Marrs 所写的 "Extremophiles"，以及 Lynn Rothschild 和 Rocco Mancinelli 所写的综述文章 "Life in Extreme Environments"，*Nature* 409，February 22，2001，p. 1092。

Tommy Gold 首先提出地下可能存在大量生物的文章发表在 *Proceedings of the National Academy of Sciences* 89，1992，p. 6045。

想了解关于核冬天的讨论，见 P. R. Ehrlich et al.，"Long-Term Biological Consequences of Nuclear War"，*Science* 222，December 23，1983，p. 1293。H. W. Jannasch 和 M. J. Mottl 在 *Science* 229，August 16，1985，p. 717 中主张，如果核冬天真的来临，"这类生态系统的存活概率是生物圈中最高的"。他们所说的生态系统，当然就是深海热泉周围的那些。

喀拉喀托火山喷发的故事在 David Quammen，*The Song of the Dodo*（Simon and Schuster，1997）中有很好的解说。

关于甲烷的释放及其对生物的影响，见 "Did a Blast of Sea-Floor Gas Usher in a New Age?"，by Richard Kerr in *Science* 275，February 28，1997，p. 1267；以及 "Methane Fever"，by Sarah Simpson in *Scientific American*，February 2000，p. 24。

保罗·霍夫曼和丹尼尔·施拉格在《科学美国人》上撰文介绍过雪球地球理论，标题就叫 "Snowball Earth"。文章登在《科学美国人》2000 年 1 月号的 68 页。我在文中写到的他们和威廉·海德等人的辩论刊登在 *Nature* 409，January 18，2001，p. 306。

J. B. Corliss，J. A. Baross，and S. E. Hoffman，"Hypothesis Concerning the Relationship Between Submarine Hot Springs and the Origin of Life on Earth"，*Oceanologica Acta*，1981，p. 59。

关于卡尔·乌斯有一篇很好的文章，Virginia Morell 所写的 "Microbiology's Scarred Revolutionary"，*Science* 276，May 2，1997，p. 699。我所引用的对他的主张最初的反对意见就出自本文。

关于古生菌的最新综述见 J. L. Howland，*The Surprising Archaea: Discovering Another Domain of Life*（Oxford University Press，2000）。

卡尔·乌斯的话摘自他的一篇文章，题为 "The Universal Ancestor"，见 *Proceedings of the National Academy of Sciences* 95，June 9，1998，p. 6854。

牛顿写给本特利的信见 *Theories of the Universe*，edited by Milton Munitz（Free Press，1957）。

想了解生命的起源以及生命之树各分支间可能的交流，可参考演化生物学家 W. Ford Doolittle 最近的一篇文章 "Uprooting the Tree of Life"，*Scientific American* 2000 年 2 月号。一本好的地质学著作也会有所帮助，因为其中同样会讨论生命起源的问题。我已经提过 Kump，Kasting 和 Crane 所写的 *The Earth System*；另外一本是 Harold Levin，*The Earth Through Time*（Saunders College Publishing，1999）。这两本书中都探讨了板块构造论。各位也可以参考天文学著作，我推荐 William Kauffman and Roger Freedman，*Universe*（W. H. Freeman，1998）。我也是在这本书里读到了托马斯·杰斐逊的话。

陨石撞击导致恐龙灭绝的理论在 Walter Alvarez，*T. Rex and the Crater of Doom*（Princeton University Press，1997）中有很好的介绍。

有关二点五亿年前那次撞击的细节有两个部分：第一部分描述澳大利亚西部那个陨坑的发现，第二部分是对陨坑周围岩石的化学分析。完成第一部分工作的是 Arthur Mory 的团队，详见 William Broad 在 2000 年 4 月 25 日《纽约时报》上的报道。第二部分在 Richard Kerr 的文章 "Whiff of Gas Points to Mass Extinction" 中做了介绍，见 *Science* 291，February 23，2001，p. 1469。

锆石晶体中存在水分的证据刊登在《自然》杂志最近的两篇文章中，一篇是"Evidence from Detrital Zircons for the Existence of Continental Crust and Oceans on the Earth 4. 4 Gyr. Ago", by S. Wilde et al. , *Nature* 409，January 11，2001，p. 175；另一篇是"Oxygen-Isotope Evidence from Ancient Zircons for Liquid Water at the Earth's Surface 4，300 Myr. Ago", by S. Mojzsis et al. , *Nature* 409，January 11，2001，p. 178。两篇文章都指出，那个时候已经形成了地壳，地球的表面已经不再是熔岩了。

关于早期生命有一篇文献丰富的优秀综述，那就是 E. G. Nisbet and N. H. Sleep, "The Habitat and Nature of Early Life", *Nature* 409, February 22，2001，p. 1083。

由 G. Bock 和 J. Goode 编辑的 *Evolution of Hydrothermal Ecosystems on Earth（and Mars?）*（John Wiley, 1997）是 1996 年 1 月举行的一场研讨会的报告，会上讨论了本章写到的许多问题。

氨基酸能在太空旅行中存活的证据见"Can Amino Acids Beat the Heat?", by R. Irion, in *Science* 288，April 28，2000，p. 165。

Bruce Jakosky, *The Search for Life on Other Planets* （Cambridge University Press, 1998）对 ALH84001 及其他与地外生命相关的话题作了很好的介绍。

想了解有关泛种论的探讨，见 *Life Itself, Its Origins and Nature*, by Francis Crick published by Simon and Schuster in 1981。这本著作已经有二十年的历史，但仍旧十分好读。比较晚近的文献可参考上面提到的 Nisbet 和 Sleep 的综述文章。

Donald Brownlee 和 Peter Ward 在 *Rare Earth* （Springer-Verlag, 2000）中主张地球或许是唯一可能出现生命的地方，不过他们所谓的"生命"是指复杂生命。关于生命起源还有一本争议较少的著作，即 David Koerner and Simon Le Vay, *Here Be Dragons* （Oxford University Press,

2000）。

木星卫星上存在生命的假设由下面两篇文章做了研讨：R. Pappalardo, J. Head, and R. Greely, "The Hidden Oceans of Europa", *Scientific American*, October 1999, p. 54；以及 T. Johnson, "The Galileo Mission to Jupiter and Its Moons", *Scientific American*, February 2000, p. 40。木卫三上有水的最新证据见 P. Schenk 等人的文章，"Flooding of Ganymede's Bright Terrains by Low-Viscosity Water-Ice Lavas", *Nature* 410, March 1, 2001, p. 57。这期杂志还推出了关于"行星系统"的漫长特辑，G. Vogel 的 "Expanding the Habitable Zone", *Science*, October 1, 1999, p. 70 对其中的文章做了很好的介绍。

关于沃斯托克湖的最新研究，见 Warwick Vincent, "Icy Life on a Hidden Lake", *Science* 286, December 1, 1999, p. 2094；以及 Frank Carsey and Joan Horvath, "The Lake That Time Forgot", *Scientific American*, October 1999, p. 62；还有 Richard Stone, "Lake Vostok Probe Faces Delays", *Science* 286, October 1, 1999, p. 36。我还用了 Robert Hotz 的一篇报道作为参考，见 March 4, 2001, *Los Angeles Times*。

第五章　来自太阳的消息

如果有爱书人想读伽莫夫的科普作品，我推荐他的 *The Planet Called Earth* (Viking, 1963), *One Two Three . . . Infinity* (Viking, 1961), 或是他的最后一本书 *A Star Called the Sun* (Viking, 1964)。这些书当然都有些年代了，但是读它们能感受到这个领域的进步。伽莫夫写过一系列关于一位神秘的 Tomkins 先生的作品。最后还有他的自传 *My World Line: An Informal Autobiography* (Viking, 1970)。

关于天文学的一般知识，我推荐 William Kaufmann and Roger Freedman, *Universe* (W. H. Freeman, 1999), 以及 Jay Pasachoff 的

Astronomy: From the Earth to the Universe（Saunders，1991）。关于宇宙学的一般知识见 John Hawley and Katherine Holcomb，*Foundations of Modern Cosmology*（Oxford University Press，1998）。热力学的知识可以参考 Richard Feynman 的那本精彩但不太好读的作品 *Lectures on Physics*（Addison-Wesley，1963）。

伽利略的话出自他关于太阳黑子的第一封书信，由 Stillman Drake 翻译（cf. S. Drake，Discoveries and Opinions [Anchor，1957]）。Dava Sobel 在关于伽利略的近作里也引用了这段话，见 *Galileo's Daughter*（Walker，1999）。

卢瑟福的话引自 A. S. Eve 为他写的传记 *Rutherford*（Cambridge University Press，1939）。

汉斯·贝特的话引自他 1996 年的一次讲话，题为 "Influence of Gamow on Early Astrophysics and on Early Accelerators in Nuclear Physics"，这次讲话的场合是 George Gamow Symposium，并在 1997 年由 Bookcrafters' Astronomical Society of the Pacific Conference Series 出版。

约翰·厄普代克的诗引自 *Telephone Poles and Other Poems*（Alfred A. Knopf，1963）。它最早发表在《纽约客》杂志。

关于太阳中微子问题的历史，见巴考尔的 *Neutrino Astrophysics*（Cambridge University Press，1989），或参考他最近的一篇文章 "How the Sun Shines"，2000 年 6 月发表，网络版见 http://www.nobel.se/。关于对太阳中微子的最近观测、包括萨德伯里中微子天文台的观测结果，见巴考尔的文章 "Neutrinos Reveal Split Personalities"，*Nature* 412，July 5，2001，p. 29。

第谷·布拉赫的话引自 D. Clark 和 F. Stephenson 所著的 *The Historical Supernovae*（Pergamon Press，1977），在前面提到的 Timothy Ferris 的著作中也有引用。关于物理学的历史，我参考的是 Emilio Segrè，*From*

Falling Bodies to Radio Waves（University of California，1984）。

杨惟德的话引自前面提到的 Kaufmann 和 Freedman 所著的 *Universe*，前面已有引述。

关于太阳在以前较冷的讨论见 L. Kump，J. Kasting and R. Crane，*The Earth System*（Prentice-Hall，1999）。

柯利坎斯基的用小行星推动地球的方案见 *Scientific American*，June 2001，p. 24。

对来自超新星的中微子的观测，由观测者撰写的一手资料，见 A. K. Mann，*Shadow of a Distant Star*（W. W. Norton，1997）。

关于发现磁星的最近声明，见 S. R. Kulkarni and C. Thompson，"A Star Powered by Magnetism"，*Nature* 393，May 21，1998，p. 215。

关于黑洞的权威普及著作是 Kip Thorne，*Black Holes and Time Warps —— Einstein's Outrageous Legacy*（W. W. Norton，1994）。这是由这个领域的专家撰写的一本通俗读物。还有一本讨论超弦理论的著作也写得十分好读，那就是 Brian Greene 的畅销新作 *The Elegant Universe: Super-strings，Hidden Dimensions and the Quest for the Ultimate Theory*（W. W. Norton，1999）。

关于早期宇宙有许多通俗、半通俗的书籍，其中包括那本小小经典，Steven Weinberg，*The First Three Minutes*（Basic Books，1977），以及较为晚近的 *The Inflationary Universe*（Addison-Wesley，1997），作者是 Alan Guth。Guth 是暴胀宇宙论的提出者，但是他在这本书里也写到了许多其他相关的课题，比如宇宙微波背景辐射（CMBR）。这个课题到今天依然是宇宙学的核心，而宇宙学正越来越成为科学家所谓的"数据驱动"的学问。其中最近的一组数据（发表在 2000 年 4 月 27 日的《自然》杂志上）来自"Balloon Observations of Millimetric Extragalactic Radiation and Geophysics"，比较知名的是它的简称"BOOMERANG"，那是一组安装在一只大型氦气球上的微波探测器，随着气球在南极点上空盘旋了十天的时间。它们的观测结果证实了宇宙膨胀的大致图景，也支持宇宙曾发生暴胀的观点，但是它们也揭示了一些令人困惑的现象。至少在未来十年，这个领域将继续产生激动人心的成果，也可能带给我们更多的意外。比如不久之前，它就刚刚发生了一次观念的变化，以至于 1998 年 12 月 16 日的《科学》杂志将"加速膨胀的宇宙"列为了 1998 年的重大科学突破之一。关于彭齐亚斯和威尔逊的故事，Jeremy Bernstein 在 *Three Degrees Above Zero: Bell Labs in the Information Age* (Scribner's, 1984) 中作了精彩描述。关于早期宇宙还有几本专家执笔的佳作，它们是 Joseph Silk, *The Big Bang* (W. H. Freeman, 1980)；E. W. Kolb, *Blind Watchers of the Sky* (Addison-Wesley, 1996)；Marcelo Gleiser, *The Dancing Universe* (Dutton, 1997)；Martin Rees, *Before the Beginning* (Addison-Wesley, 1997)；M. Longair, *Our Evolving Universe* (Cambridge University Press, 1990)；Stephen Hawking, *A Brief History of Time* (Bantam Books, 1988)；John Barrow, *The Origin of the Universe* (Basic Books, 1994)；以及 Leon Lederman and David Schramm, *From Quarks to the Cosmos* (W. H. Freeman, 1989)。鉴于这个领域书籍众多，许多还是不久之前出版的，使我不必引用期刊上的文章。不过期刊上还是不乏一些有趣文章的，比如《科学美国人》杂志 1999 年 1 月的宇宙学特辑，以及它在 1999 年 12 月的特辑"到了 2050 年，科学会知道什么"，其中有一篇 Martin Rees 的预言性文章"Exploring Our Universe and Others"，也值得一读。我一般对专家的著作比较了解，但是也有几本科学记者或作家撰写的佳作，比如 Timothy Ferris, *Coming of Age in the Milky Way* (Anchor, 1988) 以及他的近作 *The Whole Shebang: A State-of-the-Universe(s) Report* (Simon and Schuster, 2000)，Michael Lemonick 的 *The Light at the Edge of the Universe* (Villard, 1993)，以及 Dennis Overbye, *Lonely Hearts of the*

Cosmos（HarperCollins，1991）。《自然》杂志的编辑 John Gribbin 也写了几本非常好看的书，比如他的 *The Case of the Missing Neutrinos*（First Fromm，1998）。

对劫火宇宙论的描述见 J. Khoury B. Ovrut，P. Steinhardt and N. Turok，"The Ekpyrotic Universe: Colliding Branes and the Origin of the Big Bang"，*Physical Review* D64（2000），p. 123522。

第六章 量子跃迁

低温物理学有一份标准文本，那是由一位心怀大众，至少是心怀普通物理学者的专家所写的，它就是 K. Mendelssohn，*The Quest for Absolute Zero: The Meaning of Low-Temperature Physics*（Taylor and Francis，1977）。最近还有一本面向大众的优秀作品，T. Schactman，*Absolute Zero and the Conquest of Cold*（Houghton Mifflin，1999）。

道尔顿的话引自《大英百科全书》第 11 版。

J. M. Thomas，*Michael Faraday and the Royal Institution*（Adam Hilger Press，1991）里写了法拉第和皇家研究所的历史。法拉第和戴维的话都引自这本著作。

我在前几章中引用的地质学和天文学文本在本章中继续适用。关于在地球上钻洞的信息，见 Kevin Krakick，"New Drills Augur a Great Leap Downward"，*Science* 283，February 5，1999，p. 781。

有两篇文章是对莱顿实验室十分了解的人写的，它们是 J. de Nobel，"The Discovery of Superconductivity"，*Physics Today*，September 1996，p. 40；以及 R. de Bruyn Ouboter，"Heike Kamerlingh Onnes's Discovery of Superconductivity"，*Scientific American*，March 1997，p. 98。

卡末林·昂内斯的葬礼故事来自著名荷兰物理学家 H. B. G. Casimir 的回忆，见他的 *Haphazard Reality: Half a Century of Science*（Harper and Row，1983）。

马克斯·普朗克的话引自 Armin Hermann，*The Genesis of Quantum Theory*（MIT Press，1971）。

爱因斯坦的生平和学术贡献在许多佳作中都有描述。从科学家的角度看，其中最精彩的莫过于 Abraham Pais 的权威著作 *Subtle Is the Lord*（Oxford University Press，1982）。另可参考 Pais，*Einstein Lived Here*（Oxford University Press，1994）。Pais 本人就是普林斯顿高等研究院的教授，和爱因斯坦很熟。爱因斯坦写给波恩和玻尔的信，以及他联系戈尔德施密特开发助听器的故事，都出自于这本著作。还有一本我很爱读的近作，Dennis Overbye，*Einstein in Love*（Viking，2000），其中很好地描写了黑体辐射以及爱因斯坦对量子理论的贡献，还列出了建议阅读的详细文献。我还很喜欢 Ronald Clark 所写的插图传记 *The Life and Times of Albert Einstein*（Harry Abrams，1984），部分原因是其中丰富的图片。书中还影印了玻尔写给爱因斯坦的信。

探讨量子力学的书籍实在太多，很难挑出一两本来推荐。带有历史角度的著作，我推荐 Abraham Pais，*Niels Bohr's Times*（Clarendon Press，1991）。泡利给玻尔的信引自 *Physics Today*，February 2001，p. 43 的一篇题为 "Wolfgang Pauli" 的文章，作者 K. von Meyen 和 E. Schucking。有一篇短文简要概括了量子理论的要点，就是 Daniel Kleppner and Roman Jackiw，"One Hundred Years of Quantum Physics"，*Science* 289，August 11，2000，p. 893。这是 *Science* 的特辑 "Pathways of Discovery" 系列中的一篇。文章还附了一份推荐书单，包括了狄拉克、海森堡和薛定谔等人的传记。

马丁·克莱因的话引自 M. Klein，"Einstein and the Development of Quantum Physics"，in *Einstein: A Centenary Volume*，edited by A. P. French（Harvard University Press，1979）。

爱因斯坦和希拉德发明冰箱的故事见 E. Dannen，"The Einstein-Szilard Refrigerators"，*Scientific American*，January 1997，p. 90。

有一位物理学家对钱德拉的生平作了精彩的描述，他对钱德拉很熟，也能体会关于他的种种细节，见 Kameshwar Wali，*Chandra: A Biography of S. Chandrasekhar* (University of Chicago Press，1991)。关于钱德拉塞卡极限的推衍，见 Kerson Huang，*Statistical Mechanics* (John Wiley，1967)。

华生和克里克的话引自 J. D. Watson and F. H. C. Crick，"A Structure for Deoxyribose Nucleic Acid"，*Nature* 171，April 25，1953，p. 737。有趣的是，乔治·伽莫夫也在 DNA 编码的研究中扮演了一个科学家兼捣乱者的重要角色，见 J. D. Watson 的近作 *Genes，Girls and Gamow* (Oxford University Press，2001) 以及 G. Segrè 的一篇关于伽莫夫的文章，见 *Nature* 404，March 30，2000，p. 437。

关于放屁虫的研究见 Bernd Heinrich，*Thermal Warriors* (Harvard University Press，1996)。

《神曲》引自 Dante Alighieri，*Inferno*，P. and J. Hollander 英译，Doubleday，2000。

关于特殊主题的一些参考文献：

固态氦：Robert Cahn，"Superdiffusion in Solid Helium"，*Nature* 400，August 5，1999，p. 512。

氦-3：　"The 1996 Nobel Prizes in Physics"，news item，*Scientific American*，January 1997，p. 15。

超流体：Russell Donnelly，"The Discovery of Superfluidity"，*Physics Today*，July 1995，p. 30。

高温超导：Paul Chu，"High Temperature Superconductors"，*Scientific American*，September 1995，p. 162。

玻色—爱因斯坦凝聚：Eric Cornell and Carl Weiman，"The Bose-Einstein Condensate"，*Scientific American*，March 1998，p. 40。

二硼化镁：J. Nagamatsu et al.，"Superconductivity at 39K in Magnesium Diboride"，*Nature* 410，January 4，2001，p. 63；或 Charles Day，"New Conventional Superconductor Found with a Surprisingly High T"，*Physics Today*，April 2001，p. 17。

致　谢

第一次写书的人需要相当的勇气、强大的毅力和充足的信心。幸运的是，我在写这本书的过程中得到了许多人的帮助。我首先要谢谢我的代理人约翰·布罗克曼（John Brockman）和卡廷卡·马特森（Katinka Matson），是他们鼓励我撰写此书，并替我联系了 Viking 出版社。我在 Viking 的编辑温迪·沃尔夫（Wendy Wolf）干练的指导下写出了几个版本，她还帮助我改进文风和内容，并给了我适当的督促。

近些年里，我和许多朋友同事就书中的内容展开了长谈，他们许多人都很支持我撰写那些远离本行的话题。我尤其要谢谢其中的三位，他们阅读了书稿的全部或部分，提出了许多宝贵的建议。因为他们的审读，本书的质量有了很大提高。第一位是我的同事菲利普·尼尔森（Philip Nelson），他慷慨地阅读了全部手稿，指出了措辞中不当和错误的地方。尼克·萨拉弗斯基（Nick Salafsky）和彼得·斯特林（Peter Sterling）也给了我许多帮助。

宾夕法尼亚大学准许我在 2001 年春季告假，我利用这段宝贵的时间写成了此书。同年 6 月，洛克菲勒基金会也准许我前往他们的贝拉焦学习中心，让我在那片田园风光的环境中逗留了一个月。

我的子女和继子女们在数年来一直耐心倾听我解说科学的奇妙，他们也阅读了本书的部分章节，检查它们是否达到了效果。当然最重要的还是我妻子贝蒂娜·赫林（Bettina Yaffe Hoerlin）的批评与支持。数不清多少次，我在散步的时候向她描述我接着要撰写的主题。她每次都会督促我把枯燥无味的学术演讲改写成娓娓道来的故事，她还重读了每一份稿件、审视了每一个版本。出于爱和感激，我把这本书献给她，希望我们能散步一直到海枯石烂。

图书在版编目(CIP)数据

迷人的温度：温度计里的人类、地球和宇宙史/
(美)吉诺・塞格雷(Gino Segrè)著；高天羽译.
—上海：上海译文出版社，2017.4（2023.10重印）
书名原文：A Matter of Degrees：What
Temperature Reveals about the Past and Future of
Our Species，Planet，and Universe
ISBN 978 - 7 - 5327 - 7364 - 0

Ⅰ.①迷… Ⅱ.①吉… ②高… Ⅲ.①温度-普及读
物 Ⅳ.①O551.2-49

中国版本图书馆 CIP 数据核字(2016)第 226964 号

Gino Segrè
A Matter of Degrees
What Temperature Reveals about the Past and Future of
Our Species，Planet，and Universe

图字：09 - 2015 - 721 号

迷人的温度：温度计里的人类、地球和宇宙史
[美]吉诺・塞格雷/著 高天羽/译
责任编辑/张吉人 王 师 装帧设计/柴昊洲 封面插画/Lylean Lee

上海译文出版社有限公司出版、发行
网址：www.yiwen.com.cn
201101 上海市闵行区号景路159弄B座
上海景条印刷有限公司印刷

开本 890×1240 1/32 印张 8.5 插页 2 字数 184,000
2017 年 4 月第 1 版 2023 年 10 月第 3 次印刷
印数：8,001—10,000 册

ISBN 978 - 7 - 5327 - 7364 - 0/N・009
定价：59.00 元